高 等 职 业 教 育 教 材

普速铁路房建设备维护与保养

何燕翔 李 龙 主编

中国铁道出版社有限公司

2024年·北京

内 容 简 介

　　本书坚持继承与创新相结合,以铁路有关规章制度为基础,重点突出实际操作技能、应急处置技能的描述,对普速铁路房建设备维护与保养相关技术和知识进行了详尽介绍,包括房建设备建筑限界和危房危建管理、日常检查、病害分析、维护与保养、结构构件加固、安全注意事项、工程验收注意事项等,适用性和可操作性强。

　　本书是从事普速铁路房建设备生产管理和作业人员的普及读本,既适用于普铁维保岗位适用性培训,也可作为新职、专职、晋职的岗位资格性培训用书,还适用于现场职工的自学。

图书在版编目(CIP)数据

　　普速铁路房建设备维护与保养/何燕翔,李龙主编.—北京:
中国铁道出版社有限公司,2019.7(2024.11 重印)
　　高等职业教育教材
　　ISBN 978-7-113-25376-9

　　Ⅰ.①普… Ⅱ.①何… ②李… Ⅲ.①铁路-交通运输建筑-修缮
加固-高等职业教育-教材 ②铁路-交通运输建筑-保养-高等职业
教育-教材 Ⅳ.①TU248.1

　　中国版本图书馆 CIP 数据核字(2019)第 125389 号

书　　　名:普速铁路房建设备维护与保养
作　　　者:何燕翔　李　龙

策　　　划:金　锋
责任编辑:金　锋　　编辑部电话:010-51873125　　　电子邮箱:13001939241@163.com
封面设计:高博越
责任校对:王　杰
责任印制:高春晓

出版发行:中国铁道出版社有限公司(100054,北京市西城区右安门西街 8 号)
网　　　址:https://www.tdpress.com
印　　　刷:三河市宏盛印务有限公司
版　　　次:2019 年 7 月第 1 版　2024 年 11 月第 5 次印刷
开　　　本:787 mm×1 092 mm　1/16　印张:9.25　字数:222 千
书　　　号:ISBN 978-7-113-25376-9
定　　　价:25.00 元

《普速铁路房建设备维护与保养》
编委会

近年来,铁路建设规模巨大,铁路技术装备现代化程度不断提高。现代化铁路的飞速发展对铁路职工队伍的素质提出了更高要求,专业技术人才的培养作为铁路可持续发展的基础,其重要性日益凸显,从根本上决定了铁路现代化发展的高度与速度。如何打造一支适应铁路现代化发展的高素质人才队伍,已经成为当代铁路人的一项重大而紧迫的战略任务。

2014年2月26日,中国铁路总公司颁布了《中国铁路总公司关于印发〈铁路运输房建设备大修维修规则(试行)〉的通知》(铁总运〔2014〕60号),明确了铁路运输房建设备(以下简称房建设备)的重要性,把房建设备列为铁路运输设备的重要组成部分,对房建设备的大修维修管理提出了新的更高的要求。大量新线运营、房建新设备的接管和新技术的应用,要求房建系统必须主动适应铁路技术进步所带来的变化,快速提高职工队伍素质,建立高效精干的房建专业技术人才队伍,以便有效地管理好、维护好现代化铁路房建设备。为此,中国铁路广州局集团有限公司土地房产公寓处、职工教育处组织编写了本书,结合公司的实际情况,从实用、实际出发,融入新技术、新工艺等方面的内容,对普铁房建设备维护与保养相关技术和知识进行了详尽介绍,并坚持继承与创新相结合,以铁路有关规章制度为基础,重点突出实际操作技能、应急处置技能的描述,对房建设备建筑限界和危房危建管理、日常检查、病害分析、维护与保养、结构构件加固、安全注意事项、工程验收注意事项等提出了指导意见。本书深入浅出、言简意赅、通俗易懂、图文并茂,适用性和可操作性强,是一本适合从事普铁房建设备生产管理和作业人员的普及读本,既适用于普铁维保岗位适用性培训,也可作为新职、专职、晋职的岗位资格性培训用书,还适用于现场职工的自学。

全书内容包括房建设备的管理与检查、钢结构日常维护、混凝土结构与砌体结构日常维护、幕墙及吊顶日常维护、给排水系统日常维护、电照系统日常维护、建筑限界管理、突发事件应急处置、安全管理等。

本书由中国铁路广州局集团有限公司何燕翔、湖南高速铁路职业技术学院李龙担任主编,由中国铁路广州局集团有限公司蔡文枫、湖南高速铁路职业技术学院贾瑞晨担任副主编,杨继斌、刘立俭、徐益宁、李瑜珍主审。参加编写的人员有:中国铁路广州局集团有限公司郭敏之、崔允绪、邢刚、陈焕才、谢惠芬、方国新、陈浩军、颜三、廖红雨、朱红飞、王伟东、胡建明、胡纯祥、向子华、甘怀军、龙钢、董玲莉、龙丽莎、杨幼宁、潘文斌、彭华、鲍清平、舒象勇、谢国龙、陈正求、马祥伟、邓健明、卓宏、向文、莫由吉、袁星、王研科、何翔,湖南高速铁路职业技术学院黎舜、吴洪华、罗人蜜。

本书的编写和审定工作得到了湖南高速铁路职业技术学院、衡阳职工培训基地以及中国铁路广州局集团有限公司有关业务处室和站段的支持和协助,特表示诚挚的感谢!

由于编者水平有限,疏漏与不当之处在所难免,敬请广大读者提出宝贵意见。

编　者

2018 年 11 月

目　录 contents

第一章 房建设备的管理与检查

房建设备是铁路运输设备的重要组成部分。高度重视房建工作,强化房建专业化管理,做好房建设备的大修维修和使用管理工作,是保障铁路运输的重要措施。

第一节 房建设备分类与管理分界

一、房建设备分类

1. 一类房建设备

(1)设计速度(含既有线提速)200 km/h 及以上铁路站房及附属设备,以及站台雨棚、旅客天桥、旅客地道、旅客站台等构筑物。

(2)客货共线铁路大型及以上客站站房及附属设备,以及站台雨棚、旅客天桥、旅客地道、旅客站台等构筑物。

(3)调度所、四电房屋、信息房屋及附属设备。

(4)在编组场内用于调度与行车有直接关系的房屋,如驼峰调度室、控制室、运转室、行车室等房屋。

2. 二类房建设备

(1)设计速度(含既有线提速)200 km/h 以下客货共线铁路(大型及以上客站除外)站房及附属设备,以及站台雨棚、旅客天桥、旅客地道、旅客及货物站台、站名牌等构筑物;货物站台上的货物仓库及雨棚。

(2)站前平台、车站围墙及与车站围墙连成整体的挡土墙等。

(3)动车检修(检查)库、融冰除雪库等有动车作业的房屋及附属设备。

3. 三类房建设备

除一、二类房建设备以外的其他房建设备。

二、房建设备管理分界

1. 房屋、构筑物

(1)房桥一体结构(同时承受列车荷载和建筑荷载的铁路站房主体结构)道砟或整体道床及以上的轨道部分由工务段管理维护,其他由房建单位管理维护。

(2)旅客跨线天桥及附属楼梯由房建单位管理维护。

(3)旅客地道装饰面、楼梯等由房建单位管理维护;旅客地道承受列车荷载的主体结构和与之相连的变形缝(含变形缝防水)由工务段管理维护。

(4)站台面、站台墙、站台墙上吸音板由房建单位管理维护;站台上的电缆沟(井)及其盖板由使用单位管理维护。

（5）动静态标识、停车位置标牌、检票闸机、查危仪、屏蔽门、站台安全门系统、开水器等设备及其系统由使用单位管理维护；房建设备上连接动静态标识的吊杆，吊杆与动静态标识的连接部位由动静态标识的使用单位管理维护。

（6）房建设备上加装的广告设施由设施所属单位管理维护。

（7）与站房新建、大修、设备更新改造同步设置的站名牌（站房上的站名标识），由房建单位管理维护。加装站名牌，须由客运部门和房建部门批准并明确管理维护单位。

（8）站内用于站场封闭的实体围墙及站台上设置的固定栏杆由房建单位管理维护。

2. 给水设备

（1）房屋外部的管道、水栓由供水单位负责管理；房屋内部的管道、水栓由房建单位负责管理。其分界点为室外水表或第一个阀门井。水表或第一个阀门井以内（不包括水表和第一个阀门井），由房建单位管理维护；以外，由供水单位管理维护。无水表或阀门时，以距墙第一个配件或距墙入口 5 m 处为界。

（2）室内各种生产专用管路及设施由使用单位自行管理。

（3）各单位自建的独立给水设备由使用单位自行管理。

（4）地方供水按所处地区规定办理。

3. 排水设备

（1）房屋附属排水设备、公用排水系统、公用污水提升站等由房建单位管理维护；卫生洁具、器具由使用单位管理维护。

（2）水塔（槽）检查坑、转盘、落轮坑以及室外客车给水栓的专用排水设备，各单位的污水处理系统与排水系统及连通的渗水井，线路、站场排水设备，各种生产专用排水设备，旅客地道抽水水泵，真空卸污系统等设备应由使用单位或相关单位负责管理维护。如接入房建单位所管的排水系统内时，须经房建部门批准，并以排入处（井）为界，井及井以下部分由房建单位管理维护。

4. 电照设备

（1）室内照明线路设备，如室内照明设备配线、灯头、开关及插座，应由房建单位管理维护。光源、灯具、专用生产作业电照、节日装饰电照、文化宫俱乐部等舞台配光、电铃及配线、空调设施、微机配电线路及 36 V 及以下的配电设施等由使用单位自行管理维护。

（2）室内照明配线须与各种动力装置、空调及各单位自行配置的电气设备分开设置用电回路。动力及通信、信号等专业设备的配电箱应单独设置，由使用单位自行管理维护。

（3）室内动力配电设施由使用单位或其他单位管理维护。

（4）室外电照设备由使用单位或其他单位管理。室外电照包括与房屋无关的露天照明，如：站场、车站广场、游泳池、灯光球场、露天体育场、花园、铁路桥面及其他露天场所安装的各种照明设施。

5. 室内外供电分界

（1）铁路供电采用架空引入方式的，以建筑物上第一横担分界，横担（包括横担）以内电线路、配电箱、插座等设施由房建单位管理维护，以外由供电单位管理维护。铁路供电采用电缆引入方式的，以电缆终端头分界，端头引出方向电线路、配电箱、插座等设施由房建单位管理维护,端头及引入方向电缆及相关设施由供电单位管理维护。

(2)地方供电按所处地区规定办理。

(3)其他单位从房建单位管理的配电箱引出电源时,应与房建单位签订安全管理协议。

6. 防雷装置

房屋、构筑物专用的防雷装置,由房建单位管理维护。

7. 消防系统

(1)消防自动报警控制系统,气体灭火系统,室内消火栓的箱体、水龙带、水枪及消防专用等设备,消防水炮系统的水炮,消防水喷淋(雾)系统的喷头,生产办公房屋、货仓、货场消防水泵、应急照明、疏散指示、应急广播、防烟排烟系统等消防设施由使用单位管理维护。

(2)室内消火栓系统、消防水炮系统、消防水喷淋(雾)系统的供水管路(含阀门)由房建单位管理维护。

8. 电梯设备

(1)电梯设备由使用单位负责管理维护。

(2)电梯集水井与房屋本身结构连成整体的由房建单位负责管理,与旅客地道本身结构连成整体的由工务单位负责管理。其他设施由使用单位负责管理。

第二节 危险房屋及构筑物管理

一、相关规定与标准

危险房屋、构筑物系指结构已严重损坏或承重构件已属危险构件,随时有可能丧失结构稳定和承载能力,不能保证安全使用的房屋、构筑物。

中国铁路总公司现行《铁路技术管理规程》(TG/01—2014)规定:对有倒塌危险或存在严重安全隐患的房屋建(构)筑物,应尽快排险解危,须停止使用和整栋拆除的,应由房建单位书面通知使用单位。

鉴定危险房屋、构筑物执行现行的国家标准《危险房屋鉴定标准》(JGJ 125—2016),该标准共七章,从总则、术语和符号、基本规定、地基危险性鉴定、构件危险性鉴定、房屋危险性鉴定、鉴定报告等七方面对危险房屋、构筑物鉴定作出了全面规定。

地基的危险性鉴定应包括地基承载能力、地基沉降、土体位移等内容。单层或多层房屋地基的危险状态有五种情况,出现一种情况即可被评为危险状态;高层房屋地基的危险状态有三种情况,出现一种情况即可被评为危险状态。

构件危险性鉴定从基础构件、砌体结构构件、混凝土结构构件、木结构构件、钢结构构件、围护结构承重构件等六方面评定。

房屋危险性鉴定应以幢为单位。房屋基础及楼层危险性鉴定按无危险点、有危险点、局部危险、整体危险四个等级划分;房屋危险性鉴定应根据房屋的危险程度按无危险构件(A级)、个别危险构件(B级)、局部危房(C级)、整幢危房(D级)四个等级划分。危险房屋鉴定报告内容有:

(1)房屋的建筑、结构概况,以及使用历史、维修情况等。

(2)鉴定目的、内容、范围、依据及日期。

(3)调查、检测、分析过程及结果。

(4)评定等级或评定结果。

(5)鉴定结论及建议。

(6)相关附件。

二、评估与鉴定

1. 鉴定机构

危险房屋、构筑物鉴定须由房建单位委托有相关资质的机构进行。

2. 评估工作

房建工区在日常检查(春检)中发现房屋、构筑物存在危险隐患,应立即报告房建车间和房建单位主管部门,然后由房建单位组织危险房屋、构筑物评估小组评估。评估小组应由房建单位总工程师(小组长)、高级工程师、有经验的工程技术人员、工人技师或高级技师等组成,可包括房建单位房建科科长、安全科科长、房建车间主任、工长、房建科及车间技术人员。评估小组成员须报经铁路局房建主管部门资格审定。

房建单位危险房屋、构筑物的评估程序:

(1)初始调查,摸清房屋构筑物的历史和现状。

(2)现场查勘、测试、记录各种损坏数据和状况。

(3)检测验算,整理技术资料。

(4)全面分析,论证定性,做出综合判断,提出评估报告。

3. 鉴定工作

(1)房建单位组织对存在危险隐患的房屋、构筑物评估,提出初步判定意见。

(2)对危险房屋、构筑物应委托有鉴定资质的专门鉴定机构按照《危险房屋鉴定标准》进行鉴定。

(3)房建单位必须有三名以上危险房屋、构筑物评估小组成员参加鉴定工作。对特殊复杂的鉴定项目,可另外聘请专业人员或由上级房建主管部门派员参加。

(4)鉴定完成后,鉴定机构出具的具有法定效力的鉴定报告,要求使用统一鉴定术语,文字简练,用语恰当,定量、定性正确。

三、日常管理

1. 房建单位危险房屋与构筑物管理相关人员工作职责

(1)危险房屋、构筑物评估小组

①对存在危险隐患的房屋、构筑物立即组织排险解危,确保安全。

②组织对存在危险隐患的房屋、构筑物评估后,对危险房屋、构筑物委托有鉴定资质的专门鉴定机构按照《危险房屋鉴定标准》进行鉴定。

③危险房屋、构筑物列入安全风险源管理,制定危险房屋、构筑物整治方案,组织实施,做到"当年危房当年消灭"。

④对于需停止使用和整体拆除的危险房屋、构筑物,要及时通知使用单位停止使用,做

好临时加固、撤离人员等安全防护工作,并上报上级房建主管部门。

(2)房建科

①对存在危险隐患的房屋、构筑物立即组织排险解危,确保安全。

②危险房屋、构筑物列入安全风险源管理,制定危险房屋、构筑物整治方案,组织实施,做到"当年危房当年消灭"。

③安排专人组织车间、工区有关人员对危险房屋、构筑物专项进行每季度不少于一次的检查。

(3)房建车间

①组织工区对管辖内危险房屋、构筑物按规定进行检查、监测,发现异常现象及时上报;如发现险情及时上报,并安排人员立即采取临时加固、紧急卸载等有效措施,确保安全。

②对危险房屋、构筑物加强重点管理和日常检查,掌握病害变化情况,督促、指导房建工区如实填写、妥善保管好有关资料。

③安排专人组织工区有关人员对危险房屋、构筑物进行每季度不少于一次的专项检查。如遭遇大风、暴雨、强降雪、冰雹、地震以及外力破坏等灾害时督促工区增加检查频次。

(4)房建工区

①安排人员对管辖内危险房屋、构筑物按规定进行检查、监测,发现异常现象及时上报;如发现险情及时上报,并安排人员立即采取临时加固、紧急卸载等有效措施,确保安全。

②对危险房屋、构筑物加强重点管理和日常检查,掌握病害变化情况,如实填写、妥善保管好有关资料。

③危险房屋、构筑物每月检查不少于一次。如遭遇大风、暴雨、强降雪、冰雹、地震以及外力破坏等灾害时增加检查频次。

2.危险房屋及构筑物信息上报

房建单位危险房屋、构筑物评估小组应将鉴定为危险房屋、构筑物的鉴定报告和处理意见上报土地房产部,对于需停止使用或整体拆除的危险房屋、构筑物应及时书面通知使用单位。

3.危险房屋及构筑物处理

危险房屋、构筑物存在危险隐患时,需立即排险解危,并当年进行整治,确保安全。危险房屋、构筑物一般可分为以下四类情况进行处理:

(1)观察使用

适用于采取适当安全技术措施后,尚能短期使用,但需继续观察的房屋、构筑物。

(2)处理使用

适用于采取适当措施后,可解除危险的房屋、构筑物。

(3)停止使用

适用于已无修理价值,暂时不便拆除,又不危及相邻建筑和影响他人安全的房屋、构筑物。

(4)整体拆除

适用于整栋(件)危险且无修理价值,需立即拆除的房屋、构筑物。

4.危险房屋及构筑物日常管理

(1)段(公司)、车间、工区建立危险房屋、构筑物技术资料,主要包括日常检查监测记录、技术状态检查记录、检查鉴定记录、险情影像及其他技术资料。

(2)对危险房屋、构筑物设置病害监测标志,并指定专人管理。危险房屋、构筑物应定期检查,每月不少于一次,发现异常现象或危及安全时,立即采取加固、卸载等有效措施,排除危险,确保安全,并填写检查、监测记录。每年春季检查时,对危险房屋、构筑物进行重点检查。

第三节 房建设备检查

房建设备检查(巡检)是指为了解和掌握房建设备使用功能、技术状态、局部病害进行的现场查勘、检验等活动。检查分为日常检查、定期检查、春季检查、应急检查、健康监测等方式,并配备必要的检查工具(如高强光手电筒、检查锤、螺丝刀、高清摄像机、高清望远镜、雨衣等)和登高机具。

一、日常检查

由检修人员每天按规定路线对房建设备进行检查。检查范围主要为客货共线大型及以上客站的候车厅(含车站厕所)、旅客通道、站台、雨棚等房建设备。

为全面、有序地进行日常检查工作,做到按固定路线进行巡检,每个站房均要制定切实可行的检查线路图和作业指导书(手册),巡检人员依据检查线路图的指引检查房建设备。

检查重点是设备外观变形和破损,以及其他可能影响旅客和行车安全的设备问题,检查重点见表1-1。

表 1-1 房建设备检查重点

序号	检查重点	检查方式
1	站房和站台雨棚的结构构件、屋面板、屋面玻璃、铝塑板、吊顶板、封檐板、檐沟和站台下侧挡水板、吸音板,以及高架站房线路上方的吊顶板结构是否松动、开裂、变形,有无脱落危险,板间连接和板与龙骨固定件有无松动、破损、变形、是否符合设计要求,连接扣件刚度是否合格,压条是否扣紧,固定螺丝是否锈蚀、松动,天沟是否积水	日常检查、定期检查、春季检查、应急检查
2	候车室、售票厅以及旅客进出站通道、雨棚、天桥玻璃构件、吊顶板、外墙玻璃、干挂石材、玻璃护栏[特别是位于线路上方的吊顶板、外墙玻璃、天桥栏板和干挂(贴)于飘檐(门洞)上方的石材、卷闸门等构件]是否松动、开裂、变形以及有无脱落危险	日常检查、定期检查、春季检查、应急检查
3	房屋、雨棚屋面板与屋面结构构件连接处是否开裂以及有无脱落危险及渗漏	日常检查、定期检查、春季检查、应急检查
4	房屋、雨棚结构有无冻胀、位移、变形、腐蚀生锈、节点漏(开)焊	日常检查、定期检查、春季检查、应急检查

续上表

序号	检查重点	检查方式
5	站房 ETFE 膜充气系统控制面板信号显示是否正常,具备太阳能光伏发电系统的采光天窗及楼地面(股道间)的采光天窗是否破损、松动	日常检查、定期检查、春季检查、应急检查
6	有行车设备的机械室(信号楼内的综控室、行车监控室、通信机械室、信号机械室等)、售票厅、票据间、配电室、消防控制室等功能用房以及其他"四电"房屋是否渗漏	日常检查、定期检查、春季检查、应急检查
7	站台墙、站台帽(含抹灰等)是否变形、松动、开裂及有无脱落危险	日常检查、定期检查、春季检查、应急检查
8	站内房屋的电照线路系统有无破损	日常检查、定期检查、春季检查
9	站台钢筋混凝土雨棚变形缝的铁皮盖板是否存在松动、脱落	日常检查、定期检查、春季检查、应急检查
10	危房危建、侵限及漏雨影响行车设备、吊顶板存在掉落隐患和存在发生火灾隐患(特别是影响行车安全、人身安全、结构安全、火灾隐患)的病害	日常检查、定期检查、春季检查、应急检查
11	钢结构有无裂纹、锈蚀、变形,铆钉、螺栓有无松动、脱落、剪断,防火涂料是否完整有效	定期检查、春季检查
12	房屋的木(钢木)屋架及其构件、木檩条等构件有无蚁害、有无腐烂、虫蛀、受潮、变形、锈蚀和坠落危险	定期检查、春季检查
13	土砖房和低洼易积水的房屋的结构有无腐蚀、变形和水浸危险、倒塌危险,排水是否通畅,墙脚是否潮湿、松软,墙面是否起壳、外鼓、下座、开裂等	定期检查、春季检查
14	站区实体围墙是否有缺口、破损、开裂、变形、倾斜和倒塌危险,围墙泄水孔的疏通;站台上设置的固定栏杆是否破损、松动;缺口有无及时封闭,对暂未具备封闭条件的缺口有无设置防牛设施和警示标识标志	定期检查、春季检查
15	房屋的电照线路系统有无破损,房屋构筑物安全接地(防雷、电照系统)是否完整有效、接地电阻是否满足要求	定期检查、春季检查
16	围墙、挡墙、护坡(特别是桥涵上方、紧邻道路旁边或高护坡挡墙)是否有变形、开裂及排水设备是否通畅等	定期检查、春季检查
17	钢筋混凝土结构有无开裂、下垂、倾斜等变形、变位;裂缝是否接近受压区;有无严重露筋、腐蚀渗水等	定期检查、春季检查
18	砖墙、砖柱四周排水是否畅通,砌体有无开裂、倾斜、严重碱蚀、风化等	定期检查、春季检查
19	砖拱拱脚是否产生水平位移;拱轴线是否变形;筒拱是否出现沿拱顶直线贯穿的裂缝;拱脚地基基础是否发生较大的不均匀沉降等	定期检查、春季检查

续上表

序号	检查重点	检查方式
20	使用单位有无乱改乱拆、乱搭建、乱搭接、乱增加设备负荷(特别是主体结构改变和超出原设计用电设备负荷)、空调室外机及其他管线乱装乱拉等影响房建设备使用安全和外观的现象	定期检查、春季检查

二、定期检查

房建设备巡查、检修(简称巡检)由检修人员对接管房建设备检查项目,按周期进行检查。

1. **检查频次与要求**

(1)原则上一类设备和二类设备中的站房、站台雨棚、旅客天桥、旅客地道、旅客及货物站台、站名牌以及桥涵上方或紧邻道路旁边的围墙(挡墙、护坡)每月不少于一次,其余设备每季度不少于一次,并按照《铁路运输房建设备大修维修规则(试行)》有关要求执行,其中对一类设备楼层玻璃地面每周巡检不少于一次,二类设备楼层玻璃地面每月检查不少于一次;二类设备排水设施雨季每月巡检不少于一次,其他每季度巡检不少于一次。

(2)巡检工作必须要做到"三到四固定",即"巡到、查到、记到"和"固定巡检人员、固定巡检路线、固定巡检设备、固定巡检时间"。

(3)房建单位要加强重要建筑、大型建筑的沉降观测工作,对重要建筑、大型建筑设置水准点和观测点,原则上每半年进行一次沉降观测,并做好有关台账资料的组卷建档工作。

(4)对无人值班的变电房、通信信号用房、四电房屋等房建设备,房建单位应与相应的供电、通信、电务等使用单位建立设备病害互控联检以及信息沟通机制,检查情况在房屋构筑物(巡检)技术状态记录卡片上共同签字确认。

2. **房建设备检查**

检查范围主要包括承重梁和承重构件等承重结构,屋面及防水、吊顶、幕墙、墙体面层、楼地面、门窗等非承重结构,给排水、电照等附属设备,检查重点见表1-1。

3. **围墙和栏杆检查**

加强站区实体围墙和站台上设置的固定栏杆的巡检和维护工作。

(1)对存在缺口、有倒塌危险的围墙以及防洪防汛期间,应有针对性地加密巡检次数;对具备封闭条件的缺口以及危及行车安全、结构安全的病害(特别是桥涵上方或紧邻道路旁边),要立即采取封闭、加固、卸载等有效措施、排除危险,确保安全,并积极做好后期的修复整治工作;对暂未具备封闭条件的缺口要设置防牛设施和警示标识标志等;对开裂、变形、倾斜的围墙要在现场设置观测标志,并根据其发展趋势加密巡检次数。巡检情况和病害处理情况,认真填写"房屋构筑物(巡检)技术状态记录卡片"[广房记(建)-05],并做好有关照片或影像资料留存。

(2)对相关单位报送的站区实体围墙和站台上设置的固定栏杆存在安全隐患问题,要立即采取有效的措施进行整改,并在5个工作日内答复报送的单位和抄送相关单位(部门),相关资料按照"一站一档"进行管理。

(3)及时制止其他单位或个人擅自在围墙开口或在围墙内外堆放余土、石渣、垃圾、枕轨等杂物危及围墙安全的行为,督促责任单位或个人限期整改,并跟踪落实直至整改完成。

(4)对人为破坏围墙封闭设施、人为干扰阻碍围墙封闭施工等情况,要及时向相关车务站段和公安部门报告。对围墙反复破坏形成的缺口,必须在规定的巡查周期内至少封闭一次,并拍照留存备查。

(5)与车务站段和工务段建立联系机制,及时了解、掌握桥涵的施工进展情况,提前做好准备,对具备封闭条件的围墙缺口要彻底封闭,消除隐患。

(6)由于灾害或其他原因造成站区实体围墙或站台上设置的固定栏杆倒塌、严重倾斜时,要立即组织抢险排危,确保安全。

4. 巡检人员的职责

(1)巡检人员要坚持边巡边检边修边清疏,要携带必要的维修工具和材料,对巡检中发现的零小破损要及时修理,把病害消除在萌芽状态,对暂时无法处理的较大病害,巡检人员要详细记录病害情况。

(2)发现危及行车安全和旅客乘降安全的问题,立即向车站值班站长和行车调度人员以及本单位值班室报告,并立即采取有效措施确保行车安全。

三、春季检查

每年春季,由房建单位组织技术人员、维修人员及使用单位对房建设备技术状态和使用情况进行的全面检查。

1. 检查的目的和要求

(1)通过春季检查,全面、准确地摸清管辖内房建设备数量、评定技术状态,特别要准确掌握危险房屋情况,制定排危和设备病害整治措施和计划,调整年度维修计划,为拟定下年度房建大维修和危房改造计划、病害整治提供可靠依据。

(2)参加春检人员应遵守春检纪律,落实岗位责任制和记名检查制度,在检查中做到"三到位"(检查人员到位,检测工具到位,检测记录到位)。

(3)春检工作必须全面、细致地对管内房屋构筑物逐栋、逐件、逐项地进行检查,对春检中发现的账卡物不相符的情况,要查明原因、分别处理、纠正错误。

(4)检查人、技术员必须在现场评级并在检查记录上签字,并对检查结果负责。对检查中发现的危房危建以及影响行车安全、人身安全的病害,要立即采取有效的措施进行排危、加固,确保房建设备使用安全,并及时上报。

(5)段春检领导小组成员应参加重点房屋构筑物的实地检查或抽查。

(6)段长(经理)、主管副段长(副经理、总工程师)对有倒塌危险、正线或高站台(客、货)侵限、电线路老化和超负荷容易引发火灾等危及行车安全、人身安全和结构安全的病害要立即组织实地复查,并进行技术鉴定。

2. 作业准备

(1)房建单位成立房建设备春检作业工作组,并成立由段长(经理)任组长,主管副段长(副经理、总工程师)任常务副组长,房建科、安教科及有关科室、车间负责人等组成的春检领导小组。

(2)各房建工区以工(班)长、木工、瓦工、电工、水道工以及房建技术人员组成春检工作小组。

（3）举办春检学习培训班。

①学习上级有关规定和房建设备技术状态评定办法,重点学习《铁路技术管理规程》《铁路运输房建设备大修维修规则》《广铁集团房产管理办法》《广铁集团房建设备大修维修实施细则》《广铁(集团)公司铁路建筑限界管理办法》和《广铁集团铁路营业线施工安全管理实施细则》等有关文件。

②组织现场对标实操检查、技术状态评定。

（4）研究制订春检作业实施办法和行动计划(包括分工、走向、进度等),并将春检行动计划提前通知相关使用单位,邀请其派人参加。

（5）准备好《铁路运输房建设备大修维修规则》和"春检通知"等文件以及房屋构筑物平面位置图、台账图、上年春检台账、房屋构筑物(巡检)技术状态记录卡片、上年春检后房屋构筑物增减清单等资料和记录本、广房记(建)5～9等需要用的空白表格。

（6）准备好检查锤、手锤、凿子、螺丝刀、活扳手、线坠、卷尺(5 m和50 m)、限界测量尺、绝缘杆、对讲机、高强光手电筒、高清望远镜(高清摄像机)、梯子、台账牌、接地电阻测试仪、夜间测量照明设备以及其他需用的特殊工具、登高机具和交通工具,并对相关工器具进行检查、校验。

（7）准备一些随身携带的小五金、水电料等检修材料。

（8）作业负责人组织人员分工、安全预想、安全交底、作业内容和质量、技术交底(含登销记手续)。

（9）涉及营业线作业的,严格按照铁路总公司和广州局集团公司营业线施工安全管理相关规定执行,并提前做好要点工作。

3. 现场作业

（1）由春检工作小组按专业分工,对工区管辖的全部房屋构筑物按台账号按片顺序,逐栋逐件实地进行检查。

（2）征求使用单位(用户)意见,了解平时使用的情况。

（3）由工(班)长介绍该栋(件)房屋(构筑物)的全面情况。

（4）用房屋构筑物平面位置图与实物核对位置、台账号、形状等。不符合的应修改补充平面位置图。

（5）用台账图和上年春检台账资料与实物核对台账牌以及面积、平面布置、结构形式、门窗位置、使用性质等,有变动的,应予丈量、绘制草图、修正(补钉)台账牌。

（6）认真细致地进行检查。先里后外,从上到下,屋面、檩(椽)、屋架、梁、柱、墙体、楼板、楼梯、顶棚、抹灰、镶贴、搁栅、门、窗、地面、散水、水沟、檐沟、水落管、基础、阳台、上下水道管路、卫生设备、电线路、灯头、开关、插座、避雷设施等,逐层逐项细心观察、检查,做好记录。

①检查鉴定要慎重细致,判断要力求准确,既不要把一般没有危害的缺陷看成有危害性的,也不要把有危害性的缺陷忽略过去。

②隐蔽处所不能直接观察的(如屋架、檩、梁、柱、地板搁栅的入墙部分、基础等),若有怀疑,可敲开一部分进行观察、检查。

③结构(包括承重与非承重)有下沉、开裂、拉脱、倾斜等变形,在变形位置上做出明显标

记,注明尺寸、检查日期、检查人员等,并对裂缝作具体分析。判断裂缝是否有危害,往往不在于裂缝的宽窄、长短或深浅,关键是裂缝所处的部位,必须认真深入检查分析。

(7)随手可以处理的病害,应立即进行处理。

(8)集中汇报检查结果,研究讨论,做好记录。若有争论,重到该处集体检查。

(9)填写"房屋构筑物(巡检)技术状态记录卡片[广房记(建)-05]""房屋设备数量及技术等级评定表(广建5)""构筑物设备数量及技术等级评定表(广建6)""附属设备数量表(广建7)""特种设备数量表(广建8)""站场房屋构筑物建筑限界检测记录表""相邻站台间距检测记录表"等有关资料。

(10)根据铁路总公司和广州局集团公司有关文件规定,判定病害、评定房屋构筑物技术等级,核定是否侵限,对重点病害拟定处理意见和整治方案。

(11)由记录员宣读记录的内容,征求大家意见,是否有遗漏。

(12)检查重点见表1-1。

4. 房屋技术状态评定

病害项目评定标准,见表1-2。

表1-2 病害项目评定标准

病害项目	评定标准
倒塌危险	按照《危险房屋鉴定标准》(JGJ 125)进行鉴定
严重漏雨	有下列情况之一者为严重漏雨: 1. 屋面惯性漏雨,需要翻修屋面占整个屋面面积:平顶屋面5%以上;坡屋面10%以上的 2. 虽经多次修理,仍未解决的惯性漏雨,需重新翻修的
严重腐蚀破裂变形	有下列情况之一者为严重腐蚀破裂变形: 1. 承重构件 腐蚀变形严重,虽未达到《危险房屋鉴定标准》"危险构件"程度,但需整治或重点检查、观测病害发展情况 2. 非承重构件 ①预制墙板 严重裂缝、变形,节点锈蚀,拼缝嵌料脱落,严重漏水,间隔墙立筋松动、断裂,面层严重破损 ②砖墙 严重裂缝、弓凸、倾斜、风化、腐蚀、灰缝酥松 ③石墙 严重开裂、下沉、弓凸、断裂,砂浆酥松,石块脱落 ④幕墙 板材或玻璃破损超过5处;龙骨或连接件重度锈蚀;固定件松动超过5处;密封胶、密封胶条的开裂、剥落超过5处;幕墙排水系统不畅,出现严重漏雨,漏雨呈滴状或线状;开启装置松动超过3处;变形缝固定件松动超过3处 ⑤金属板屋面 锈蚀或漆面剥落超过10%;固定件或咬口松脱、开裂的金属板面积超过1%;固定件或咬口松动的金属板面积超过10%;龙骨或金属连接件锈蚀严重

病害项目	评定标准
冻害、蚁害	1. 冻害:基础、墙壁由于冻害发生裂缝并仍在发展或裂缝虽不发展,但发生裂缝较大,影响正常使用的 2. 蚁害:房屋发现有白蚁蛀蚀的
潮湿返霜	1. 室内地面、墙壁常年潮湿,影响使用的 2. 室内墙壁、顶盖严重结霜凝水,影响使用的 3. 地下室渗水、积水,影响使用的
电照设备破损	1. 电线破损、老化造成绝缘不良,有漏电现象,铝、铜导线混用,导线截面偏小,影响正常使用的 2. 灯头、开关、插座大量残缺破损,相线不接进开关,影响安全使用的 3. 配电箱(柜)防振胶条不严密、油漆残缺、内外不清洁;开关等部件残缺不全,操作失灵,控制元件性能降低,开关与导线连接不牢靠,电线铰接,绝缘老化,各回路编号不正确
水暖设备破损	1. 上下水管路破损漏水,致使大片浸湿墙壁、地面的 2. 上下水管路大量严重锈蚀或堵塞不通的 3. 暖气设备锈蚀漏水或管壁严重结垢造成不热的 4. 空调通风设备、管道锈蚀严重,零件损坏、残缺不齐,跑、冒、滴、漏现象严重,影响使用的
消防设备破损	1. 设备、管道锈蚀严重,零件损坏、残缺不齐,跑、冒、滴、漏现象严重,已无法正常使用的 2. 消防自动控制系统控制元件失灵或性能降低、老化严重,线路绝缘老化,已无法正常使用的
其他破损	1. 一般腐蚀破裂变形,一般漏雨、渗水,檐沟、水落管半数以上破损或全部锈蚀的 2. 顶棚、墙壁抹灰(包括镶贴装修)多处破损剥落或粘贴不牢,影响安全使用或观瞻 3. 地面多处破损,严重起砂、空鼓、高低不平,影响使用的 4. 建筑用电伴热设备故障,不能正常运行,漏电、过载 5. 房屋四周地面排水不畅,散水、明沟大量破损的 6. 防火距离不符合当地标准的 7. 门窗严重破损或普遍漏底失油的 8. 避雷设施失效,接地电阻超过标准的 9. 站名牌(站房上的站名标识)固定件锈蚀严重、松动开焊、失稳变形,站字脱漆锈蚀

按病害项目评定标准评定,技术状态共分三级。一级是没有病害;二级是无倒塌危险、无严重漏雨、无严重腐蚀破裂变形,其余病害不超过三项;三级是有倒塌危险、严重漏雨、严重腐蚀破裂变形之一者,或其余病害超过三项。

5. 构筑物技术状态评定

构筑物技术状态共分为三级,评定标准见表1-3。

表 1-3　构筑物技术状态评定标准

构筑物名称	评定标准		
	一级	二级	三级
站台	无病害且不侵限	侵限但不影响二级超限货物运输列车通过；站台帽及站台墙有破损，站台面局部坑洼不平，但不影响安全使用	侵限影响二级或一级超限货物运输列车通过；有影响安全使用的各项病害
雨棚	无病害且不侵限	侵限但不影响二级超限货物列车通过；有破损，漏雨，但不影响安全使用	侵限影响二级或一级超限货物运输列车通过；有影响安全使用的各项病害
围墙、栅栏	无病害	有腐蚀破损、变形及冻害等，但不影响安全使用	有倒塌危险，严重破损或影响安全使用
道路、广场	无病害	有破损、局部坑洼不平或积水，但不影响安全使用	严重破损，大面积坑洼不平或积水，影响安全使用
站名牌	无病害	牌面油漆局部剥落，有破损、倾斜，但不影响安全使用	字迹不清或有严重破损，影响安全使用
排水管（沟）	无病害	有破损，局部排水不畅，但不影响安全使用	严重破损，排水不畅，影响安全使用
独立烟囱	无病害	有破损（腐蚀）变形（倾斜），但不影响安全使用	有倒塌危险，严重破损，影响安全使用
水表井、闸门井、检查井、跌水井、雨水井	无病害	有破损（腐蚀）、漏水、冻害，但不影响安全使用	有严重破损、严重漏水，影响安全使用
蓄水池、生活用水塔	无病害	有破损（腐蚀），漏水，但不影响安全使用	有严重破损，严重漏水，影响安全使用

四、应急检查

应急检查为极端灾害环境下的检查，如遭遇大风、暴雨、强降雪、冰雹、地震以及外力破坏等灾害时，应立即对可能危及人员及行车安全的房建设备进行检查和现场评估。

按照"先排危、再通车、后修复"的原则，对暂时可以使用的病害设备，采取有效措施，维持设备使用安全，必要时派人现场盯守。

对影响行车与旅客安全的设备病害应立即排除危险直至停用，并书面通知相关使用单位做好安全工作，检查重点见表 1-1。

五、健康监测

结构健康监测指的是针对工程结构的损伤及其特征化的策略和过程。

（1）对于已设置的结构健康监测系统，应做好监测系统的维护。

(2)应保证监测系统数据信息传输可靠并能够反映被监测结构的行为和状态,定期对数据库和日志文件进行备份。

(3)在遇有大风、强降雪、地震等极端灾害环境或结构发生异常状态时,对结构的损伤位置和损伤程度进行诊断,对结构综合性能进行评估,为结构的维护和管理决策提供依据。

(4)在危险发生之前,根据结构监测、损伤诊断和安全评定结果,应向相关部门发出预警。

六、房建设备使用安全监管

房建单位对辖内房建设备进行日常使用的安全监察和巡检、维护以及修缮,及时发现和制止房建设备乱改乱拆、乱搭建、乱搭接、乱增加设备负荷(特别是主体结构改变和超出原设计允许的用电设备负荷增加)、空调室外机及其他管线乱装乱拉等影响房建设备使用安全和外观的行为,及时下发《房建设备安全隐患整改通知书》,督促责任单位及时整改,使房建设备处于完好合用状态。

使用单位对所使用的房建设备负有保管和爱护之责,并接受中国铁路广州局集团有限公司和房建单位的监察和监督,对使用的房建设备的资产完整性和防火安全、消防安全、用电安全以及日常使用管理负责。

任何单位和个人不得对房建设备采取以下行为:

(1)擅自变动房屋建筑主体和承重结构。

(2)违法存放爆炸性、毒害性、放射性、腐蚀性等危险物品。

(3)超过设计使用荷载使用房屋建筑。

(4)损坏、挪用或者擅自拆除、停用消防设施、器材。

(5)占用、堵塞、封闭房屋建筑的疏散通道、安全出口以及其他妨碍安全疏散的行为。

(6)在人员密集场所门窗上设置障碍物。

(7)损坏或者擅自拆改供水、排水、供电、供气、供热、防雷装置、电梯等设施设备。

(8)增加超出原设计负荷的用电设备。

(9)在站台、雨棚安全线范围外设置广告及其他设施。

(10)在房屋、构筑物室内外设置广告牌或其他悬挂物,对房屋、构筑物的结构造成影响或影响房屋内外观。

(11)未经房建单位签认,任何单位(个人)不得擅自改变房建设备的使用环境和用途或出租房建设备,不得擅自拆改、扩建、搭建、搭接或增减房建设备的设施设备(特别是主体结构改变和超出原设计允许的用电设备负荷增加)、乱装乱拉空调室外机及其他管线,不得擅自对房建资产进行处置。

(12)损坏、挪用或者擅自拆除、停用消防系统的供水管路及阀门。

(13)占用、堵塞、封闭房屋建筑的疏散通道、安全出口以及其他妨碍安全疏散的行为。

(14)在人员密集场所门窗上设置障碍物。

(15)其他违反法律、法规、规章的行为。

第二章　钢结构日常维护

第一节　简　介

钢结构主要由型钢和钢板等制成的钢梁、钢柱、钢桁架等构件组成,各构件或部件之间通常采用焊缝、螺栓或铆钉连接。钢结构体系具有自重轻、工厂化制造、安装快捷、施工周期短、抗震性能好、投资回收快、密封性好、环境污染少等综合优势,与钢筋混凝土结构相比,更具有在"高、大、轻"三个方面发展的独特优势,在全球范围内,特别是发达国家和地区,钢结构在建筑工程领域中得到合理、广泛的应用。

按结构类型划分,狭义的钢结构包括多高层钢结构、门式钢架钢结构、彩板维护体系,广义的钢结构还包括空间结构、网架结构、网壳结构、索膜结构、幕墙、钢桥、钢塔等;按用钢量划分,钢结构可分为轻钢结构和重钢结构。

一、钢结构材料的规格和表示方法

钢结构所用的钢材主要为热轧成型的钢板和型钢以及冷弯成型的薄壁型钢,有时也采用圆钢和无缝钢管。

1. 钢板

钢板有厚钢板、薄钢板和扁钢(带钢)之分,其规格如下:

厚钢板,厚度 4.5~60 mm,宽度 600~3 000 mm,长度 4~12 m;

薄钢板,厚度 1.0~4 mm,宽度 500~1 500 mm,长度 0.5~4 m;

扁钢,厚度 3~60 mm,宽度 10~200 mm,长度 3~9 m。

图纸中对钢板规格采用"—宽×厚×长"或"—宽×厚"表示,如:—450×8×3 100。

2. 型钢

钢结构常用的型钢是角钢、槽钢、工字钢、宽冀缘 H 型钢、T 型钢和圆钢等。普通型钢是由钢材热轧而成。

(1)角钢

角钢有等边角钢和不等边角钢。图纸中对角钢规格采用如下表示:∟180×8(等边角钢)(宽×厚),∟180×90×8(不等肢角钢)(长肢宽×短肢宽×厚)。

(2)圆钢

圆钢分为无缝钢管和有缝钢管,其表示方法为 ϕ180×4(外径×壁厚)。

(3)槽钢

槽钢表示方法为:[20 表示槽钢高度 200 mm,其余尺寸查规格表。

(4)工字钢

工字钢表示方法为:Ⅰ40 表示工字钢高度为 400 mm,其余尺寸查规格表。

（5）H 型钢

H 型钢表示方法为：H340×250×9×4（高×宽×腹板厚×冀缘厚）

（6）T 型钢

T 型钢由 H 型钢切割而成,其表示方法为：T100×200×9×12（高×宽×腹板厚×翼缘厚）

3. 薄壁型钢

薄壁型钢系用薄钢板经模压或冷弯制成,其截面形式及尺寸可按合理方案设计。薄壁型钢能充分利用钢材的强度,节约钢材,所以已在我国逐步推广使用。

薄壁型钢的壁厚一般为 1.5～5 mm,但承重结构受力构件的壁厚不宜小于 2 mm。常用薄壁型钢的截面形式有：卷边 Z 形钢表示为 Z120×60×20×3（高×宽×肋×厚）,卷边槽钢表示为 C120×60×20×3（高×宽×肋×厚）。

二、钢结构的连接与节点详图

钢结构的构件是由型钢、钢板等通过连接构成的,各构件再通过安装连接架构成整个结构。因此,连接在钢结构中处于重要的枢纽地位。在进行连接的设计时,必须遵循安全可靠、传力明确、构造简单、制造方便和节约钢材的原则。

钢结构的连接方法可分为焊接连接、铆钉连接、螺栓连接和轻型钢结构用的紧固件连接等（如图 2-1 所示）。

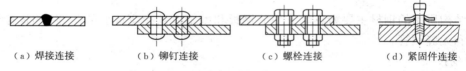

（a）焊接连接　　（b）铆钉连接　　（c）螺栓连接　　（d）紧固件连接

图 2-1　钢结构的连接方法

（一）焊缝连接

1. 焊接连接形式及焊缝形式

（1）焊缝连接形式

焊缝连接形式按被连接钢材的相互位置可分为对接、搭接、T 形连接和角部连部四种（如图 2-2 所示）。这些连接所采用的焊缝主要有对接焊缝和角焊缝。

（2）焊缝形式

对接焊缝按所受力的方向分为正对接焊缝[如图 2-3（a）所示]、斜对接焊缝[如图 2-3（b）所示]与角焊缝[如图 2-3（c）所示]；角焊缝可分为正面角焊缝、侧面角焊缝和斜焊缝。

焊缝沿长度方向的布置分为连续角焊缝和间断角焊缝两种,如图 2-4 所示。

焊缝按施焊位置分为平焊、横焊、立焊及仰焊,如图 2-5 所示。

2. 焊缝缺陷及焊缝质量检验

（1）焊缝缺陷

焊缝缺陷指焊接过程中产生于焊缝金属或附近热影响区钢材表面或内部的缺陷。常见的缺陷有裂纹、焊瘤、烧穿、弧坑、气孔、夹渣、咬边、未熔合、未焊透（如图 2-6 所示）以及焊缝尺寸不符合要求、焊缝成形不良等。裂纹是焊缝连接中最危险的缺陷。产生裂纹的原因很多,如钢材的化学成分不当、焊接工艺条件(如电流、电压、焊速、施焊次序等)选择不合适、焊件表面油污未清除干净等。

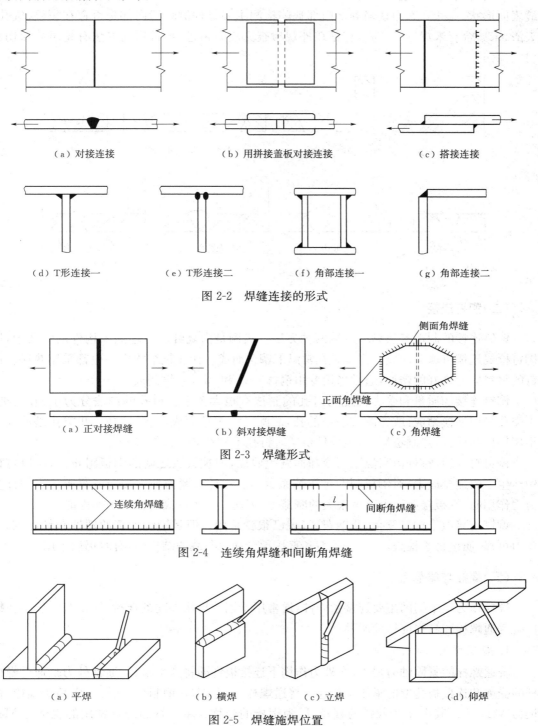

（a）对接连接　　　（b）用拼接盖板对接连接　　　（c）搭接连接

（d）T形连接一　　　（e）T形连接二　　　（f）角部连接一　　　（g）角部连接二

图 2-2　焊缝连接的形式

侧面角焊缝

正面角焊缝

（a）正对接焊缝　　　（b）斜对接焊缝　　　（c）角焊缝

图 2-3　焊缝形式

连续角焊缝　　　间断角焊缝

图 2-4　连续角焊缝和间断角焊缝

（a）平焊　　　（b）横焊　　　（c）立焊　　　（d）仰焊

图 2-5　焊缝施焊位置

（2）焊缝质量检验

焊缝的质量检验包括外观检查和内部缺陷检测。外观检查通常采用目视检查，检查焊缝表面形状、尺寸和表面缺陷等。内部缺陷检测主要是检测焊缝内部是否存在裂纹、气孔、夹渣、未熔合与未焊透等缺陷，它是在外观检查完成后再进行，常用的方法有超声波探伤和射线探伤。

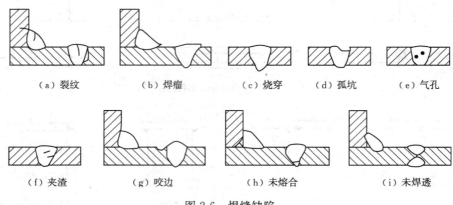

| （a）裂纹 | （b）焊瘤 | （c）烧穿 | （d）弧坑 | （e）气孔 |

| （f）夹渣 | （g）咬边 | （h）未熔合 | （i）未焊透 |

图 2-6　焊缝缺陷

（二）铆钉连接

铆钉连接的制造有热铆和冷铆两种方法。热铆是由烧红的钉坯插入构件的钉孔中，用铆钉枪或压铆机铆合而成。冷铆是在常温下铆合而成。在建筑结构中一般都采用热铆。铆钉的材料应有良好的塑性，通常采用专用钢材 BL2 和 BL3 号钢制成。

铆钉连接的质量和受力性能与钉孔的制法有很大关系。钉孔的制法分为Ⅰ、Ⅱ两类。Ⅰ类孔是用钻模钻成，或先冲成较小的孔，装配时再扩钻而成，质量较好。Ⅱ类孔是冲成或不用钻模钻成，虽然制法简单，但构件拼装时钉孔不易对齐，故质量较差。

铆钉打好后，钉杆由高温逐渐冷却而发生收缩，但被钉头之间的钢板阻止住，所以钉杆中产生了收缩拉应力，对钢板则产生压缩系紧力。这种系紧力使连接十分紧密。当构件受剪力作用时，钢板接触面上产生很大的摩擦力，因而能大大提高连接的工作性能。

铆钉连接由于构造复杂，费钢费工，现已很少采用。但是铆钉连接的塑性和韧性较好，传力可靠，质量易于检查，在一些重型和直接承受动力荷载的结构中，有时仍然采用。

（三）螺栓与球节点

螺栓作为钢结构的主要连接紧固件，通常用于钢结构构件间的连接、固定和定位等。螺栓有普通螺栓和高强度螺栓两种。

1. 普通螺栓

普通螺栓的紧固轴力很小，在外力作用下连接板件即将产生滑移，通常外力是通过螺栓杆的受剪和连接板孔壁的承压来传递。普通螺栓常用 Q235 钢制作，通常为六角头螺栓，标记为 M$d \times L$。其中 d 为螺栓的直径、L 为螺栓的公称长度。普通螺栓常用的规格有 M8、M10、M12、M16、M20、M24、M30、M36、M42、M48、M56 和 M64 等。

2. 高强度螺栓

高强度螺栓连接受力性能好、连接刚度高、抗震性好、耐疲劳、施工简便,它已广泛地被用于建筑钢结构的连接中,成为建筑钢结构的主要连接件。建筑钢结构中常用的高强度螺栓有大六角头高强度螺栓和扭剪型高强度螺栓两种。

3. 锚栓

锚栓主要是作为钢柱脚与钢筋混凝土基础的连接承受柱脚的拉力,并作为柱子安装定位时的临时固定。锚栓的锚固长度不能小于锚栓直径的 25 倍。锚栓通常用 Q235 或 Q345 等塑性性能较好的钢制作,它是非标准件,直径较大。锚栓在柱子安装校正后,锚栓垫板要焊死,并用双螺母紧固,防止松动。

4. 球节点

建筑钢结构中,常用的网架球节点有螺栓球节点和焊接球节点两大类。

(1)螺栓球节点

螺栓球节点是由钢球、螺栓、封板或锥头、套筒、螺钉或销子等组成,如图 2-7 所示。

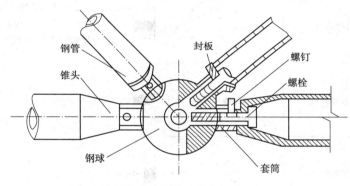

图 2-7 螺栓球节点组成

高强度螺栓在整个节点中是最关键的传力部件,它的强度等级要达到 8.8 级或 10.9 级。

(2)焊接球节点

焊接球节点的空心球是由两块钢板经加热压成两个半球后相焊而成,分为加肋和不加肋两种。空心球径大于或等于 300 mm 且标件内力较大需要提高承载力时,球内可加环肋。空心球壁厚与钢管最大壁厚比值是在 1.2～2.0 之间。钢管杆件与空心球连接处,管段应开坡口,并在钢管内加衬管,在管端与空心球之间焊缝可按对接焊缝计算,否则只能接斜角焊缝计算。

5. 螺栓、孔、电焊铆钉的表示方法

螺栓、孔、电焊铆钉的表示方法见表 2-1。

表 2-1　螺栓、孔、电焊铆钉的表示方法

序号	名　称	图　例	说　明
1	永久螺栓		

续上表

序号	名　称	图　例	说　明
2	高强螺栓		
3	安装螺栓		
4	胀锚螺栓		1. 细"＋"线表示定位线 2. M 表示螺栓型号 3. ϕ 表示螺栓孔直径 4. d 表示膨胀螺栓、电焊铆钉直径 5. b 表示键槽长度 6. 采用引出线标注螺栓时,横线上标注螺栓规格,横线下标注螺栓孔径
5	圆形螺栓孔		
6	长圆形螺栓孔		
7	电焊铆钉		

(四)紧固件连接

在冷弯薄壁型钢结构中经常采用自攻螺钉、钢拉铆钉、射钉等机械式紧固件连接方式(如图 2-8 所示),主要用于压型钢板之间和压型钢板与冷弯型钢等支承构件之间的连接。

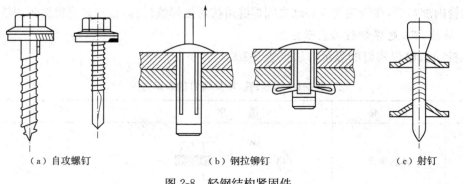

（a）自攻螺钉　　　　　（b）钢拉铆钉　　　　　（c）射钉

图 2-8　轻钢结构紧固件

(五)节点详图

在钢结构详图中,除了上边所讲的焊缝符号外,还要特别注意螺栓或铆钉在节点详图上的个数、类型、大小和排列;要了解焊缝类型、尺寸和位置;要了解拼接板尺寸和放置位置。由于节点详图的类型较多,在这里仅介绍如下几种,供大家参考。

1. 铰接柱脚

铰接柱脚详图如图 2-9 所示。在此详图中,钢柱为 HW400×300,表示柱为热轧宽翼缘 H 型钢,截面高为 400 mm、宽为 300 mm;底板长为 500 mm、宽为 400 mm 和厚为 26 mm;采用 2 根直径为 30 mm 的锚栓,其位置从平面图中可确定。安装螺母前加垫厚为 10 mm 的垫片,柱与底板用焊脚为 8 mm 的角焊缝四面围焊连接。此柱脚连接几乎不能传递弯矩,为铰接柱脚。

2. 变截面柱

变截面柱偏心拼接连接详图,如图 2-10 所示。在此详图中,此柱上段为 HW400×300 热轧宽翼缘 H 型钢,截面高、宽为 400 mm 和 300 mm;下段为 HW450×300 热轧宽翼缘 H 型钢,截面高、宽分别为 450 mm 和 300 mm;柱的左翼缘对齐,右翼缘错开,过渡段长 200 mm,使腹板高度达 1:4 的斜度变化,过渡段翼缘宽度与上、下段相同,此构造可减轻截面突变造成的应力集中,过渡段翼缘厚为 26 mm,腹板厚为 14 mm;采用对接焊缝连接,从焊缝标注可知为带坡口的对接焊缝,焊缝标注无数字时,表示焊缝按构造要求开口。

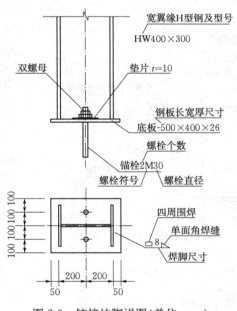

图 2-9 铰接柱脚详图(单位:mm)
t—垫片厚度

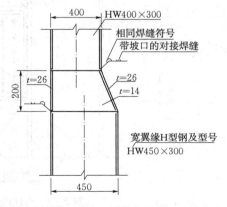

图 2-10 变截面柱偏心拼接连接详图(单位:mm)

3. 主次梁的侧面连接

主次梁的侧面连接和梁与柱的刚性连接均是采用节点板与高强度螺栓连接,如图 2-11

所示。在此详图中,主梁两侧的次梁采用 36a 工字型钢;主梁为 HN600×300 窄翼缘 H 型钢;加劲肋板厚为 10 mm。每边采用 3 根 M20 的高强度螺栓连接。

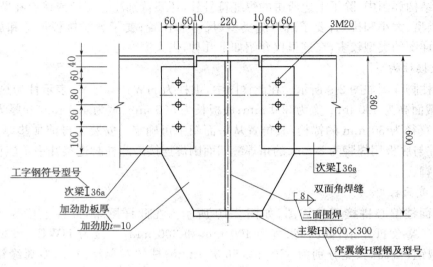

图 2-11　主次梁侧面连接详图(单位:mm)

4. 梁柱刚性连接

梁柱刚性连接详图如图 2-12 所示。连接板采用的是 2 根 125×12 的角钢,与柱的连接是现场施焊,焊缝为双面角焊缝。高强度螺栓为 5 根 M20。

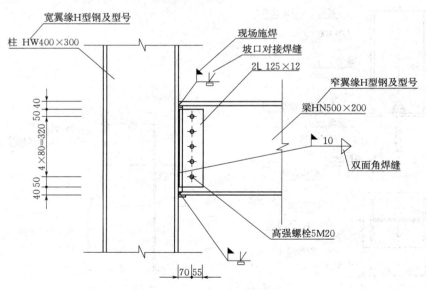

图 2-12　梁柱刚性连接(单位:mm)

5. 站台雨棚檐口示例

站台雨棚檐口示例如图 2-13、图 2-14 所示。

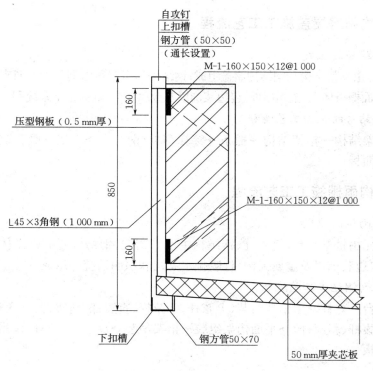

图 2-13　站台雨棚檐口构造一(单位:mm)

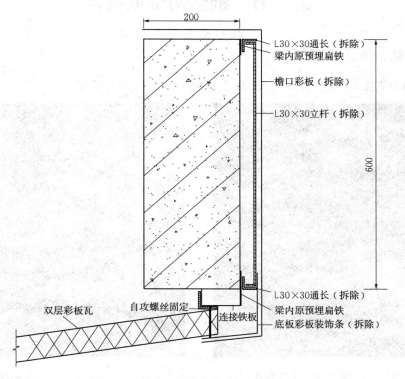

图 2-14　站台雨棚檐口构造二(单位:mm)

三、钢结构站房屋盖施工工艺流程

1. 钢结构站房的组成

钢结构站房由框架结构和钢结构屋盖组成;钢结构站房屋盖由钢结构万向支座、钢结构主次桁架、钢结构屋面檩条体系、金属屋面、包边装饰以及金属天沟、虹吸排水系统和照明系统等组成。

2. 钢结构站房的施工工艺流程

基础→框架结构→桁架结构→檩条→穿孔钢板/钢丝网→支架→吸音层→保温层→防水透气层→屋面板。

四、钢结构雨棚施工工艺流程

1. 钢结构雨棚的组成

钢结构雨棚由桩基承台、钢立柱、钢结构主次管桁架、钢结构屋面檩条体系、金属屋面、铝合金吊顶、包边装饰以及金属天沟、虹吸排水系统和照明系统等组成。

2. 钢结构雨棚施工工艺流程

基础→承台→立柱→主桁架组装(上弦杆、下弦杆、直腹杆、斜腹杆)→次桁架组装(上弦杆、下弦杆、直腹杆、斜腹杆)→平面桁架组装→桁架吊装→檩条安装→雨棚吊顶→钢丝网→保温棉→屋面板。

第二节　钢结构常见病害

一、钢结构表面涂料剥落

钢结构表面涂料剥落(如图 2-15、图 2-16 所示),其原因分析如下:

图 2-15　网架防火涂料剥落　　　　　图 2-16　网架防火涂料剥落

(1)涂层配套性(也就是涂层之间的相容性)不好,防火涂料的膨胀系数与钢材不匹配。

(2)与所处环境的空气湿度大有关。

(3)涂料本身质量有问题。

(4)施工工艺不符合要求。

(5)施工时钢材面未清扫干净。

二、钢结构构件锈蚀

钢结构构件锈蚀(如图 2-17、图 2-18 所示),其原因分析如下:

(1)在常温下,由于大气的相对湿度低和污染物的含量大而造成钢结构的腐蚀。

(2)在高温下,金属与干燥气体(O_2、H_2S、SO_2、Cl_2)产生化学反应,形成对钢结构的腐蚀。

图 2-17　站台雨棚吊杆锈蚀　　　　　　　图 2-18　站台雨棚檐口龙骨锈蚀

三、封檐板锈蚀

压型彩钢板的使用年限在 15 年左右,随着彩板瓦的全面腐蚀,近些年雨棚封檐板频繁发生掉落事故,当初的突发事件已经上升到惯性事件,应引起足够的重视,采取科学有效的整治措施,防患于未然。

1. 原因分析

由于结构设计或安装缺陷,在现浇混凝土屋面檐口上安装轻型钢架龙骨,外面用彩板瓦封闭,在彩板瓦的上下朝天口处,做上口槽及下口槽进行遮盖。上、下口槽的材料为 0.5 mm 厚的压型彩钢板。由于下口槽内长期积水,安装时没有设置泄水孔,彩钢板下口槽及封檐板插入下口槽的下端部分受腐蚀产生氧化,发生锈蚀,造成下口槽彩钢板脱落、封檐板爆开现象。轻则挂在原部位;重则随大风摇摆,刮碰到接触网上,造成接触网停电,或者直接掉到行驶的列车上及线路上,发生严重影响行车安全的事故。

2. 临时处理措施

(1)将松动的彩板压条及檐口面板拆除(如图 2-19 所示),支撑角钢锯断,对两端完好的压条及面板用铁丝进行绑扎加固,对底板的封口条用铁丝拉紧加固。

(2)对翘起的檐口彩板进行拆除,两端既有的彩板用铁丝绑扎在角钢上(如图 2-20 所示)。

(3)对还没有脱落但有松动的檐口彩板用铁丝进行绑扎(如图 2-21 所示)。

(4)大修时建议采用沪昆高铁站雨棚檐口安装方式处理(如图 2-22 所示)。

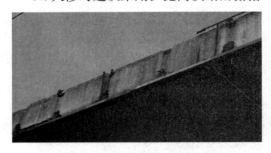

图 2-19　翘起檐口绑扎铁丝

图 2-20　檐口板绑扎铁丝

图 2-21　檐口绑扎铁丝

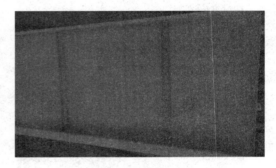

图 2-22　铝单板实物图

四、屋面板锈蚀

1. 湖南地区以酸雨腐蚀为主

以张家界地区为例,根据对张家界市地理气候条件的了解和现场调查分析,张家界车站站房屋面板的氧化锈蚀主要与张家界的地理气候条件和屋面板使用材料有关。张家界市气候为中亚热带山原型季风性湿润气候,年平均降水量 1 400 mm,全年有 1/3 的时间在下雨,加上早晚露水浸泡,几乎有半年时间处在潮湿的环境中,其酸雨频率约 77%,pH 值年平均为 4.57。酸雨腐蚀对屋面板造成很大的锈蚀,严重影响屋面板的使用寿命和整个站房的外观观感(如图 2-23 所示)。

2. 沿海地区以盐碱腐蚀为主

由于海风中含有大量的盐分,氯离子与铁离子反应后生成疏松的氯化物,加快钢结构的腐蚀(如图 2-24 所示)。

图 2-23　房屋面板局部锈蚀情况

图 2-24　站台雨棚屋面锈蚀情况

五、屋面漏水

1. 屋面防水设防标准

屋面防水应根据建筑物的性质、重要程度、使用功能要求、防水层合理使用年限进行设防。

(1)当防水等级为Ⅰ级时,压型铝合金基板厚度不应小于 0.9 mm;压型钢板基板厚度不应小于 0.6 mm。

(2)当防水等级为Ⅰ级时,压型金属板应采用 360°咬口锁边连接方式。

(3)在Ⅰ级屋面防水做法中,仅作压型金属板时,应符合《金属压型板应用技术规范》等相关技术的规定。

2. 各部位漏水原因分析及解决方案

钢结构屋面坡度一般较小,往往在 6% 以下,在中南雨水较多地区,这种结构的屋面漏水现象较为普遍,有大面积漏水、采光窗及屋脊结合部位点滴等,多数是由自攻螺丝、彩钢板搭接、屋脊瓦、抽心铆钉、屋面上人引起彩钢板变形及采光窗等装饰部位防雨胶脱落等几个方面造成。

(1)屋面螺钉和紧固件处漏水

在施工过程中,自攻螺丝力量过重、过轻,自攻螺丝打偏、打斜等,都可能使自攻螺丝橡胶垫片变形、脱落或者形成凹面,造成屋面点滴漏水,并通过保温棉聚积,积少成多,形成多点漏水。另外,自攻螺丝位置不正,错过彩钢板下的檩条而直接形成孔洞也是引起漏水的重要原因之一。这种漏水现象在单层彩钢板不设保温系统的屋面结构中可能不太明显,主要是因为雨水通过钢板与檩条接触的部位渗漏后直接分散,不一定迅速滴落。

(2)彩钢板搭接处漏水

水平搭接缝和竖向搭接缝,彩钢板搭接处漏水,若遇彩钢板瓦波过低或者雨水量大没过瓦波时,容易形成大面积漏水,且不易发觉漏水点。其原因主要是两张板之间搭接不紧、自攻螺丝没有打满形成了空隙等。

(3)屋脊部分漏水

在钢结构屋面施工中,由屋脊瓦引起的漏水也是一种较为常见的现象。在雨季,尤其是雨水量大时,雨水的飞溅通过脊瓦下部两张彩钢板对接处缝隙,形成大面积渗漏。该部位漏水的主要原因是:屋脊处波峰太高,屋脊盖板无法保证防水;纵向搭接未放胶泥或硅胶,形成缝隙而漏水;屋脊盖板纵向搭接用铆钉连接,热胀冷缩强度不够而拉断铆钉,形成漏水;屋脊盖板与屋面板之间未敷设堵头,或堵头放置不规范而脱落形成漏水。解决方案:加大屋脊盖板的搭接宽度,与墙板搭接不小于 25 cm,同时增加原有排水坡度;搭接处敷设硅胶;更换缝合钉;对防止脊瓦漏雨,在施工中宜采用加大脊瓦翻边长度,逢瓦波部位剪口,接缝处打胶。

(4)采光板部位漏水

采光板部位防水是维护系统防水的重要部位,采光板安装中的胶泥铺设、防水螺钉是屋面漏水的主要隐患;采光板板型与屋面板板型不吻合,采光板两侧波峰高于屋面板,安装后,密封过严或采光板内外气压差,毛细水从采光板两侧缝隙进入屋面内部漏水;采光板纵向搭接长度不够,且胶泥老化失去黏性;纵向胶泥脱落;采光板和彩钢板之间为刚性搭接,中间的缝隙未密封。屋面采光板防止漏水应注意以下几方面:一是防水螺钉施打在波峰上部;二是采光板处的收边板应与采光板密封牢固,纵向两侧胶泥要加宽,并铺设波峰上部,防止水毛细而渗水;三是控制两侧波峰中心间距,与采光板波峰中心距吻合,不能因安装问题或者尺寸宽度不一而去掉采光板的波峰高度或宽度,造成质量隐患;四是纵向搭接一般不小于300 mm,并且搭接处用硅胶密封牢固,采光板搭接的地方应敷设柔性胶带密封。

(5)天沟部位漏水

搭接缝与弥合缝是漏水的两个关键部位,与钢筋混凝土屋面相比,钢结构屋面的天沟深度小,且天沟与屋面无连续防水构造,天沟积水时,很难保证不漏水。该部位漏水的主要原因:内天沟焊接接头存在缝隙,形成渗水;天沟和雨水管管径设计过小,与房屋坡长不匹配;天沟端部没有做封头板;屋面外板伸入天沟长度不足,水会倒流入房屋内部。

解决方案:适当加大天沟深度,让天沟雨水不超过搭接缝;内天沟接头焊接后做防水试验,若发现漏水,需进行二次焊接;天沟和雨水管设计管径大小应通过计算屋面排水量确定;屋面板深入天沟不小于 5 cm,并把屋面板与天沟接头处打硅胶密封。

(6)雨棚根部漏水

该部位漏水的主要原因是:雨棚与墙体接触部位存在渗水。解决办法是:雨棚与墙体的结合部位做好防水,在防水层上做钢筋混凝土保护层,并做好排水坡度,使雨棚上不能积水。

(7)砖墙钢屋面连接部位漏水

该部位容易形成漏水隐患,屋面板与水泥墙面结合处漏水,主要原因为应力不同步而引起硅酮胶与粘接面开裂而漏水。解决方案:防止温度变形,采用两次收边连接处理;与砖墙体连接时,收边应有一定角度,并完全密封;收边时应预打密封胶。

(8)铝合金窗户部位漏水

铝合金窗与彩钢墙体及砖墙体连接部位为防水难题之一,该部位漏水的主要原因是:墙面檩条与铝合金间有缝隙;窗户下口与钢结构、砖墙体及窗户玻璃与型材之间密封不严;窗台与台面存在较大缝隙;窗户上泛水收边件安装中未打硅胶或打胶不严;窗台贴砖时堵塞了泄水孔;窗台的面坡度小,有返水现象;窗台浆缝不密实,有瞎眼缝。解决方案:保证结构檩条的平整度,减少檩条与铝合金之间的缝隙;窗下口所有缝隙均应完全密封,敷设硅酮胶;铝合金与单槽、单槽与玻璃间均应完全密封处理;砖墙体外贴台面面砖应保证砂浆饱满度;窗台粉刷前督促土建单位将窗台找坡,便于排水,并做防水处理;被堵泄水孔必须另外开孔,窗户上泛水收边件预打密封胶。

(9)落水管漏水

内墙立管存在返水及接头部位漏水的现象,该部位漏水的主要原因是:接头位置的胶打得不密实,漏水斗与天沟立管接触部位有沾水。解决方案:将漏水立管拆除重新打胶安装,将漏水斗拆除,让天沟立管直接伸入雨水管中,并且两者搭接不小于 20 cm。

六、彩板瓦屋面脱落

对于彩板瓦屋面板,由于施工时,与设计安装标准有出入,在每一处屋面板安装完成后,要进行抗风揭试验。

在使用过程中,由于受到各种动荷载及环境的影响,固定的螺钉会产生松动脱落,容易发生彩板瓦飘落事件。为防止彩板瓦脱落,需要进行加固处理。主要的方法有:

(1)增加打钉数量。

(2)在屋面板上加装不锈钢压条。

(3)在屋面板上固定钢绞线绑护。

(4)安装检修马道,作间接保护。

第三节　钢结构验收、维护与保养

一、验收注意事项

(1)现场实物与竣工图一致,局部有网架结构的必须有网架竣工图。

(2)实测钢板厚度、钢管壁厚、压型板厚度符合设计要求。

(3)螺栓大小、个数与设计图一致,并且固定到位。

(4)压型屋面板有抗风揭检测报告。

(5)有沉降观测点及挠度观测点。

(6)有设备检修马道。

(7)有第三方出具的安全检测报告。

(8)钢结构已做防火处理。

(9)柱内埋设有雨水管,有不渗漏的措施。

二、维护与保养

(一)检测周期

钢结构检测周期原则上不大于 10 年;遭受自然灾害或事故,房屋出现结构损伤应及时检测。

(二)维修内容与要求

(1)维修加固施工前,应对原结构构件进行核查,对于施工时可能出现倾斜、失稳或倒塌等不安全因素的结构,应采取相应的临时安全措施。

(2)钢结构加固所用的钢材、连接材料(焊条、焊剂、焊丝、螺栓、铆钉)等,其品种、规格和性能均应符合现行国家产品标准和设计要求。

(3)重要钢结构采用的钢材和焊接材料,应按有关规定进行见证取样复验,复验结果应符合现行国家产品标准和设计要求。

(4)钢构件焊接加固时,应按照设计、施工技术方案和焊接工艺评定报告确定的顺序和方法施焊,并应采取间隔、对称、同步等防止焊接变形的措施。

(5)采用螺栓(或铆钉)连接加固构件,紧固螺栓应拧紧,外露丝扣长度不少于2扣,铆接接触面紧密,联结牢固。

(6)钢构件应焊接、安装牢固,位置准确,尺寸符合设计要求。

(7)焊缝应成型平滑,表面无裂纹、脱焊、夹渣、针状气孔、烧穿、焊瘤、弧坑和熔合性飞溅等缺陷。

(8)钢构件除锈应光平、干净。

(9)钢构件表面涂层涂装遍数、厚度应符合设计要求。表面涂层应均匀,不应有误涂、漏涂、脱皮、皱皮、流坠、针眼、气泡和返锈等现象。

(三)检查项目与维修方法

1. 钢结构涂层检查项目与维修

(1)必须保持钢结构表面的清洁和干燥,对钢结构易积尘的地方(如钢柱脚处、节点板处)应定期清理。

(2)定期检查钢结构防护涂层的完好状况,凡出现下列情况之一者应及时进行维修:

①发现涂层表面失去光泽的面积达到90%。

②涂层表面粗糙、风化、干裂的面积达40%。

③涂层发生漆起膜且构件有轻微锈蚀的面积达40%。

(3)受高温影响的钢结构部位应加设防护板,起到保护涂层免遭高温破坏的作用。

(4)尽量避免构件与有侵蚀作用的物质接触,对于已经接触的应及时清理。

(5)在对钢结构作定期检查时应特别注意对易锈蚀部位的检查。易锈蚀部位主要有:

①油漆难涂刷处。如型钢组合截面的净空小于120 mm处,角钢组合截面的背与背连接处。

②钢结构中各大型构件之间的连接节点处,天窗架的挡风板处。

③截面的外形形状复杂且截面厚度小的薄壁构件。

④与木材等其他材料结合的缝隙等隐蔽部位。

⑤自然地面附近。

⑥埋入地下的钢结构工程又未包混凝土保护层的,埋设在砖墙内的钢结构支座部分。

检查时如果发现上述部位的保护涂层部分失效,应及时进行修补,以防涂层损坏面积扩大、钢结构保护涂层过早失效,造成不必要的损失。

对已经损坏的防护涂层进行修复和更新是钢结构日常维修工作中的主要内容。为了做好这项工作,保证施工质量,施工人员应重点解决好涂层的设计、涂层的施工方案、钢结构基本表面的除锈清理等问题。

2. 连接与结构裂缝检查项目与维修

对钢结构工程进行日常管理和维修时,应注意对以下几个方面进行检查。

①焊缝、螺栓、铆钉等连接处是否出现裂缝、松动、断裂等现象。

②各杆件、腹板、连接板等构件是否出现局部变形过大,有无损伤现象。

③整个结构变形是否异常,有无超出正常的变形范围。

(1)焊缝病害的检查与处理

①检查

a. 外观检查。检查时先将焊缝上的杂物去除,用放大镜(5～20倍)观察焊缝的外观质量。除要求焊缝必须没有缺陷外,还要求焊缝具有良好的外观。良好的焊缝外观应具有细鳞形表面,无折皱间断和未焊满的陷槽,并与基本金属平缓连接。

b. 钻孔检查。这是一种破坏性的焊缝检查方法。为了进一步确认,可在有疑点之处再用钻孔方法进行检查,检查焊缝是否有气孔、夹渣、未焊透等病害。检查完毕后用与原焊缝相同的焊条补满孔眼。

c. 硝酸酒精浸蚀法检查。一般用于检查不易观察到的裂纹。方法是将可疑处清理彻底,打光,用丙酮或苯洗净,滴上含量为 8% 左右的硝酸酒精溶液进行浸蚀,如果焊缝有裂纹即有褐钩显示。

d. 超声波、X 射线、γ 射线检查。对于重要构件的主要焊缝,必须用超声波、X 射线、γ 射线等检查内部是否存在缺陷,必要时还应拍 X、γ 两种射线的底片,以备分析和检查用。此种方法检查过的焊缝质量最可靠,建议有条件的房管部门尽量采用此种方法。

特别注意事项:动力荷载和交变荷载及拉力可使有缺陷的焊缝迅速开裂,造成严重后果,所以对受动力荷载的钢结构工程构件上的拉力区域应严加检查,以防出现遗漏。

②焊缝病害的处理方法

a. 对于焊缝开裂现象,应分析裂纹的性质,凡属于在使用阶段中产生的裂纹,都必须查明原因,进行综合治理,彻底消除病害。属于建造时遗留下来的裂纹可直接进行补焊处理。

b. 对于属于焊缝设计上的缺陷,如焊缝尺寸或焊脚尺寸不足,应经理论计算后,重新设计合理的尺寸。必要时可用与结构相同的施焊条件在试件上构筑焊缝,然后进行与钢结构工程受力相同的力学实验,来确认合理的焊缝及焊脚尺寸。

c. 对于焊缝有未焊透、夹渣、气孔等缺陷时,应重焊。

d. 对于焊缝有咬肉、弧坑时应补焊。

e. 对于焊瘤处应彻底铲除重焊。

不论采用何种方法进行检查,如发现焊缝存在缺陷均应采取相应措施来处理。

(2)螺栓与铆钉连接的检查和维护

对于螺栓和铆钉的检查,应注意螺栓和铆钉在受力和使用时有无剪断和松动现象,其重点检查的部位是受可变荷载和动力荷载作用处。在检查时,还要兼顾发现设计和施工遗留下来的缺陷。

检查螺栓和铆钉连接所用的工具有:10 倍左右的放大镜、0.3 kg 手锤、塞尺、扳手等。

①检查方法

对于螺栓的检查,一般采用目测、手锤敲击、扳手试扳等方法来进行。主要检查螺栓是否有松动,螺栓杆有无断裂。对于承重动力荷载的螺栓,应定期卸开螺母,用放大镜仔细检查螺杆上是否有微型裂纹,必要情况下可采用 X 射线等物理探伤方法来检查,力求消除隐患。

对于有裂纹或已经断裂的螺栓,应查明破坏原因,作详细记录,及时更换。对于松动的螺母在检查时应上紧。如果需拧紧的是高强度螺栓,还应根据螺母的类型(摩擦型或承压型)及强度等级的要求,用扳手将螺栓拧至规定的力矩。

对于铆钉的检查,可用一只手贴近钉头,另一只手用手锤自钉头侧面敲击,如果感到钉头有跳动,则说明铆钉有松动需更换处理,对有烂头、缺边或有裂纹的铆钉也需更换处理。更换时可采用高强度螺栓来代替,其螺栓直径必须按等强度原理换算决定,确保更换铆钉后不影响钢结构工程的承载能力。

在实际检查中,要正确判断出铆钉是否松动,不但要求检查人员应有一定的实践经验,还要求其具有高度的责任感。对于重要结构,一般要求最少换人复检一次,防止产生较大的疏漏。

②螺栓和铆钉连接的修复和处理

一般是在不卸载情况下进行。为了避免引起其他螺栓和铆钉的超载,更换螺栓时应逐个进行;更换铆钉时,如果一组受力铆钉的总数不超过 10 个时,应逐个进行。如果超过 10 个,为了提高工作效率,可同时更换铆钉的数目为一组铆钉总数的 10%(所谓一组铆钉是指桁架组合构件节点之间的铆钉、受弯构件翼缘每米长度内的翼缘铆钉、在节点板上固定单根构件的铆钉、在一块拼接盖板上,拼接缝一侧的铆钉)。

如果在钢结构工程上的螺栓和铆钉损害程度大,需更换的数量较多,为确保安全,修复时,应在卸载状态下进行。

(3)结构裂纹的检查及处理方法

钢结构工程的整体和构件在正常的工作状态下不应发生明显的变形,更不能出现裂纹或其他机械损伤,否则会变形过大或由于裂纹和其他机械损伤而削弱构件承载能力,情况严重时可使构件破坏,危及钢结构的整体安全。

构件的裂纹及机械损伤通常发生在机械运动通道位置处。如果损伤创面很大(如撕裂成口),影响到构件的承载能力时应马上进行修补。方法是先用气割将裂口周围损坏的金属切除,割成没有尖角的椭圆形洞口。用与构件厚度相同、材质相近的钢板作盖板,其尺寸应保证盖板每边超过同口五倍与钢板的厚度,将盖板覆于同口上,在盖板周围进行贴边焊接,焊缝厚度等于板厚。

①裂纹的检查方法

对钢结构裂纹的检查所采用的主要方法有观察法、敲击法、X 射线物理探伤法等。

观察法是指用 10 倍左右放大镜观察构件的油漆表面,当发现在油漆表面有成直线状的锈痕,或油漆表面有细而直的开裂、周围漆膜隆起、里面有锈末等现象时,可初步断定此处有裂纹,并应将该处的漆膜铲除作进一步详查。

敲击法是指用包有橡皮的木锤敲击钢结构的各个部位,如果发现声音不脆、传音不均、有突然中断等现象发生时,可断定构件有裂纹。

对于发现有裂纹迹象而不确定的地方,可采用 X 射线等物理探伤法作进一步的检查。

没有此条件时可在此处滴油检查,从油迹扩散的形状上可判断出此处是否存在裂纹,当油迹成较对称的圆弧形扩散时,表明此处没有裂纹,油迹成直线型扩散时,表明此处已经形成裂纹。

②裂纹修复的步骤

对于裂纹的修复可采用如下步骤进行:先在裂纹的两端各钻一个直径与钢板厚度相等的圆孔,并使裂纹的尖端落入孔中(这样做的目的是防止裂纹继续扩展),对两钻孔之间的裂纹要进行焊接,焊接时可根据构件的厚度将裂纹边缘用气割加工成不同形式的坡口,以保证焊接的质量。当厚度小于 6 mm 时,采用工形(即不开坡口);当厚度大于 6 mm 而小于 14 mm,采用 V 形坡口;当厚度大于 14 mm 时需要用 X 形坡口;将裂纹周围金属加热到 200 ℃后,用 E43 型(钢板材质为低碳钢)或 E55 型(钢板材质为锰钢)焊条焊合裂纹;如果裂纹较大,对构件强度影响很大时,除焊合裂纹外,还应将金属盖板用高强度螺栓连接加固。

(4)钢结构工程变形的检查和处理

钢结构在使用阶段如果产生过大的变形,则表明钢结构的承载能力或稳定性已经不能满足使用需要。房管人员应对此足够重视,并迅速组织有关业内人士分析产生变形的原因,提出治理方案并马上实施,以防钢结构工程产生更大的破坏。产生钢结构变形的主要因素有:

a. 钢结构实际所承受动力荷载超出钢结构工程设计时所允许承受额最大荷载(俗称"过载")。

b. 长时间承受动力荷载的冲击。

c. 自然灾害影响(如地震)或由于地基基础沉降不均匀。

d. 使用保养不当或由于机械损伤使钢结构工程中的构件断裂而退出工作,造成钢结构受力失衡而出现异常变形。

①检查方法

对于钢结构工程变形进行检查时,一般先目测钢结构工程的整体和构件是否有异常变形现象,如细长杆件弯曲变形过大,腹板、连接板出现扭曲变形等。对目测认为有异常变形的构件,再作进一步的检查。检查的主要内容和方法有:

a. 对钢结构工程的梁和桁架进行目测检查时,当发现桁架下弦挠度过大,桁架平面出现扭曲,屋面局部不平整,室内吊顶、粉饰等装修出现开裂等情况,可认为梁和桁架有异常变形,需用细铁线在支座两端或桁架弦杆两端拉紧,测出他们在垂直方向的变形数据(即挠度)和水平方向的变形数据。如果是粗略测量,一般只取梁中点和桁架弦杆中点处的变形数据;否则需沿长度方向取多点变形数据,必要时需绘制结构的轴线变位图。

b. 用线锤和经纬仪可以对钢结构的柱子进行变形检查。检查时需在两个垂直方向分别测定变形数据,确定出柱身的倾斜或挠度变形程度,必要时也需根据测得的数据绘制柱身的轴线变位图。

c. 对连接板、腹板等小型板式构件可采用直尺靠近方法进行比较测量。

d. 对于以弯曲变形为主的细长杆件进行变形检查时,可采用细铁线在杆件的两端选点张拉,测出变形数据。

需要特殊说明的是:钢结构工程的整体变形数据是参照其设计的标准安装位置而确定

的,为了保证测出钢结构工程在使用阶段的变形数据,必须了解钢结构工程在安装时的原始位置偏差。

对于检查所测得各种变形数据,应整理记录,以备查用。对于变形量较大的钢结构,应在有关部位做好相应的标记,为以后的维修创造方便条件。

②对钢结构工程变形的技术处理

处理方法根据具体情况,可对变形异常的结构进行矫正和加固等技术处理。为了保证安全,作技术处理时应在结构卸载或部分卸载(如去掉活荷载)的情况下进行。

a. 对于变形不太大的杆件,可用扳钳或整直器进行矫正。

b. 对于板式构件或有死弯变形的杆件,可用千斤顶来矫正,条件允许时可用氧乙炔火焰烤后矫正。

c. 如果钢结构工程出现整体变形(如柱子倾斜、屋架扭曲),除及时矫正变形外,还应根据变形成因采取合理的加固补强措施。

(四)钢结构的防火

虽然钢材是不燃材料,但钢材的机械强度会随温度的升高而降低,其力学性能也会随之迅速下降。在未经防火处理的情况下,当温度升高时,钢材的屈服强度、抗拉强度和弹性模量的总趋势是降低的,但在 200 ℃以下时变化不大。当温度在 250 ℃左右时,钢材的抗拉强度反而有较大的提高,而塑性和韧性下降。当温度超过 300 ℃时,钢材的屈服强度、抗拉强度和弹性模量开始显著下降。当温度超过 400 ℃时,强度和弹性模量都急剧降低;达到 600 ℃时,屈服强度、抗拉强度和弹性模量均接近于零,其承载力几乎完全丧失。因此,若用没有防火保护的普通建筑用钢作为建筑物承载的主体,一旦发生火灾,则建筑物会迅速坍塌,对人民的生命和财产安全造成严重的损失。因此对钢结构需要采取防火措施。

目前,钢结构的防火保护措施可以分为主动防火和被动防火两大类。主动防火是指依靠降低火灾燃烧热释放率以及抑制火灾增长来实现钢结构不受高温及火焰严重影响的防火保护措施,如建筑物的烟气控制技术、防火安全设计技术、火灾探测报警技术、喷水灭火或其他灭火技术等。被动防火主要指采取一定的措施,来吸收构件所受热量,或将结构构件与高温烟气及火焰隔离,延缓钢结构到达临界温度的时间,如钢结构防火涂料保护、防火板保护、混凝土防火保护、柔性卷材防火保护、结构内通水冷却等。在钢结构建筑的实际应用中,被动防火措施较为普遍,主要有以下三种方式。

1. 钢结构防火涂料保护

钢结构防火涂料保护是最理想、最方便实用的方法之一。钢结构防火涂料施涂在钢结构构件表面,可以起到防火隔热保护作用,防止钢结构在火灾或强的热辐射中迅速升温而强度降低,避免钢结构丧失承载能力而垮塌,为人员疏散、消防救火、保护财产赢得必要时间。

2. 钢结构混凝土防火保护

可以用普通黏土砖、混凝土作钢结构防火保护层。承重钢结构采取混凝土防火措施,以延长其耐火极限。如用外砌黏土砖防护,一般用厚 120 mm 普通黏土砖,耐火极限可达3 h左右;用普通水泥混凝土将钢结构包裹起来,即我们通常意义上说的钢管(筋)混凝土结构,混凝土可参与工作(如劲性混凝土结构),也可以只起保护作用,当厚度为 100 mm 时,耐火极限可达3 h左右;采用金属网外包砂浆防护,这其中的金属网起到骨架增强左右。此外,还可用陶粒混凝土或加气混凝土防护,可预制成砌块或现浇,防火效果亦十分理想。

3. 钢结构结构内通水冷却保护

主要是在呈空心截面的钢柱内充水,并与设于顶部的水箱相连,形成封闭冷却系统,发生火灾时,钢柱内的水被加热而上升,水箱冷水流下而产生循环,以水的循环将火灾的热量带走,以保证钢柱的升温不会过高。为了防止钢结构生锈,须在水中加入防锈剂,冬天加入防冻液。

第四节　安全注意事项

在日常钢结构维护与保养中,维保工作人员应注意以下安全事项:

(1)未经安全教育培训合格不得上岗。

严格执行操作规程。

进入施工现场必须戴好安全帽,系好帽带,并正确使用个人劳动防护用品。

(2)施工现场禁止穿拖鞋、高跟鞋、赤脚和易滑、带钉的鞋和赤膊操作;穿硬底鞋不得进行登高作业。

(3)凡2 m以上的高处作业,必须系好安全带(绳);安全带(绳)必须先挂牢后再作业。

(4)处理险情、突发事故、故障时,要有专人指挥,紧张有序,临危不乱,防止事故扩大,同时尽快上报上一级主管部门。

(5)进行电气作业所使用的工具、劳保用品必须符合安全要求,电工要加强责任心,严格执行电气安全技术操作规程,加强日常巡检维护和定期检修工作,严防侥幸心理,防止误操作,不得走过场。

(6)现场用电,一定要有专人管理,同时设专用配电箱,严禁乱接乱拉,采取用电挂牌制度,尤其杜绝违章作业,防止人身、线路,设备事故的发生。

(7)将构件直接吊卸于工程结构楼层面时,严禁超负荷堆放。

(8)网架结构没有检修通道时,要先临时铺好简易跳板,并系好安全带(绳)。

施工时,要做好旅客乘降组织,设置隔离区,并铺好防护布,防止物件坠落,砸伤旅客。

(9)上压型板屋面时,注意屋面板上是否沾有露水,避免发生摔滑。

(10)施工用电焊作业时,防止火花四溅,发生引燃事故。

第三章 混凝土结构与砌体结构日常维护

第一节 简 介

一、混凝土结构

《建筑设计防火规范》(GB 50016—2014)把建筑高度大于 27 m 的住宅建筑和建筑高度大于 24 m 的非单层厂房、仓库和其他民用建筑定义为高层建筑。我国的高铁站房大部分属于高层建筑。

(一)框架结构组成

框架结构是由梁、柱、节点及基础组成的结构形式,横梁和立柱通过节点连为一体,形成承重结构,将荷载传至基础,如图 3-1 所示。

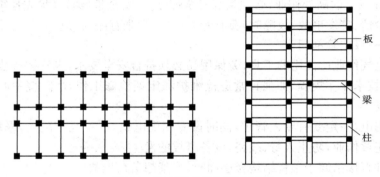

图 3-1 框架结构平面及剖面图

(二)框架结构类型

1. 纯(全)框架结构

整个房屋全部采用框架结构的称为纯(全)框架结构。

框架结构根据施工方法的不同可分为整体式、装配式和装配整体式三种。

2. 底层框架结构

底层框架结构房屋是指底层为框架-抗震墙结构,上层为承重的砌体墙和钢筋混凝土楼板的混合结构房屋。

3. 内框架结构

房屋内部由梁、柱组成的框架承重,外部由砌体承重,楼(屋)面荷载由框架与砌体共同承担。这种框架称为半框架或内框架结构,如图 3-2 所示。

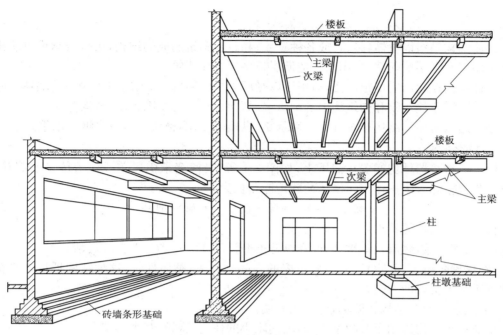

图 3-2 内框架结构示意图

(三)框架结构布置

按照结构布置不同,框架结构可以分为横向承重、纵向承重和纵横双向承重三种布置方案,如图 3-3 所示。

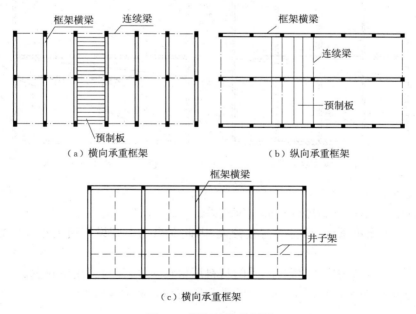

图 3-3 框架结构布置图

二、砌体结构

砌体结构是指以块体(砖、石或各种砌块)和砂浆砌筑而成的结构,由砖或承重砌块砌筑的承重墙来承受楼层荷载,多用来建造低层或多层居住建筑。

砌体结构在我国应用很广泛,适用于以受压为主的结构,如民用建筑物中的墙体、柱、基础、过梁等,工业建筑物和构筑物中的承重墙、烟囱、小型水池、围护墙、地沟等。

砌体结构房屋的结构布置分为横墙承重、纵墙承重、纵横墙承重及内框架承重。

1. 横墙承重

屋盖或楼盖构件均搁置在横墙上,如图 3-4 所示,横墙承担屋盖或楼盖传来的荷载,纵墙仅承受自重和起围护作用。横墙荷载传递路径为:

楼盖(屋盖)→板→横墙→基础→地基

横墙承重结构的特点:

(1)横墙承重,纵墙自承重,因此在纵墙上开设门窗大小和位置比较灵活。

(2)横墙数量多,间距较小,因此房屋的空间刚度大,整体性好,这种结构抵抗水平荷载和地基不均匀沉降能力较好。

(3)楼盖(屋盖)结构较简单,施工较方便。

横墙承重结构适用于开间不大,横墙间距小的住宅、旅馆、宿舍等房屋。

2. 纵墙承重

屋盖或楼盖构件主要搁置在纵墙上,如图 3-5 所示,纵墙承担屋盖或楼盖传来的荷载,横墙承受自重和一小部分楼(屋)盖荷载。纵墙荷载传递路径为:

楼盖(屋盖)→板→梁→纵墙→基础→地基

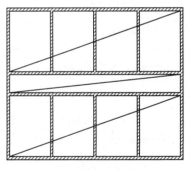
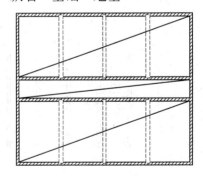

图 3-4 横墙承重结构   图 3-5 纵墙承重结构

纵墙承重体系的特点:

(1)横墙数量少,因此房屋的空间刚度较差。

(2)纵墙是主要承重墙,承受的荷载较大,因此在纵墙上开设门窗大小和位置受到一定的限制。

(3)与横墙承重结构比较,楼(屋)盖的材料用量较多,墙体材料用量较少。

纵墙承重结构主要适用于空间较大的教学楼、仓库、食堂等房屋。

3. 纵横墙承重

楼(屋)盖传来的荷载主要由纵墙、横墙共同承受,如图 3-6 所示。纵横墙荷载传递路径为:

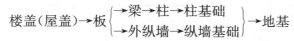

纵横墙承重结构的特点是纵横墙共同受力,结构刚度大,整体性好,平面布置较灵活,这种结构被广泛用于教学楼等工程中。

4. 内框架承重

屋(楼)传来的荷载主要由混凝土框架结构和外墙、柱共同承受,如图 3-7 所示。内框架结构荷载传递路径为:

$$楼盖(屋盖)\rightarrow 板 \begin{cases} \rightarrow 梁 \rightarrow 柱 \rightarrow 柱基础 \\ \rightarrow 外纵墙 \rightarrow 纵墙基础 \end{cases} \rightarrow 地基$$

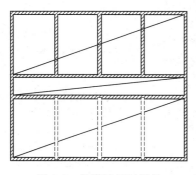
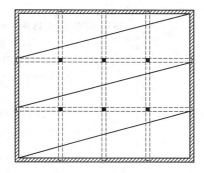

图 3-6 纵横墙承重结构　　　　图 3-7 内框架承重结构

内框架承重结构的特点:

(1)内部空间较大,平面布置灵活,与全框架结构比较,较经济。

(2)横墙少,房屋的整体刚度较差。

(3)砌体和钢筋混凝土是两种力学性能的材料。在结构受力作用下容易产生不同的压缩变形,从而引起较大的附加内力,并产生裂缝。

内框架承重结构一般可用于商店、厂房等结构。

第二节　混凝土结构与砌体结构常见病害

一、常见的病害类型

(1)基础不均匀下沉,墙身开裂。

(2)现浇钢筋混凝土工程出现蜂窝、麻面、露筋。

(3)现浇钢筋混凝土阳台、雨棚根部开裂或倾覆、坍塌。

(4)砂浆、混凝土配合比控制不严,任意加水,强度得不到保证。

(5)屋面、厨房渗水、漏水。

(6)墙面抹灰起壳,裂缝、起麻点、不平整。

(7)地面及楼面起砂、起壳、开裂。

(8)门窗变形,缝隙过大,密封不严。

(9)水暖电工安装粗糙,不符合使用要求。

(10)砖墙接槎或预留脚手眼不符合规范要求。

(11)饰面板、饰面砖拼缝不平、不直,空鼓,脱落。

二、病害原因分析及防治措施

病害的原因分析及防治措施见表3-1。

表3-1　病害的原因分析及防治措施

病害编号	简要问题描述	简要预防措施	简要治理措施
1-1	现浇混凝土楼板、墙体裂缝	混凝土的配合比、坍落度等符合规定的要求并严格控制外加剂的使用。控制混凝土入模温度、浇筑时振捣到位、浇筑后及时养护,上荷适当	V字形扩展裂缝,用水泥浆抹补,加压灌入不同稠度的改性环氧树脂溶液补缝
1-2	混凝土蜂窝、麻面、孔洞	模板拼缝严实,充分浇水润湿,振捣到位;加强现场旁站式管理,杜绝一切违规操作	剔除蜂窝处疏松混凝土,对于深度不大的,采用高强度等级水泥砂浆抹平,对于深度较大的,用钢丝刷处理麻面,采用高一强度等级细石膨胀混凝土填补
1-3	管道、穿墙件部位渗漏	在施工前,应仔细处理管根部位,做好技术交底,安排专人旁站式看管相关施工质量,确保周边混凝土振捣密实;在预埋件四周剔凿沟槽,用素浆嵌实,随其他部位一起严格按工艺要求做防水层;有防水要求的房间做好闭水试验	将不密实混凝土铲掉,重新进行浇筑,周边剔凿沟槽,再按裂缝直接封堵;做好防水层施工;有防水要求的房间延长闭水试验时间
1-4	地下室顶板或屋面防水层施工缝漏水	防水层施工缝留置成斜坡阶梯形槎,接槎按层次顺序施工	注浆封堵,引排
1-5	窗口处抹灰层过厚	主体施工时严格控制模板尺寸	将开裂抹灰层凿除,对基层进行处理,缝隙过大处用细石混凝土灌实,并挂网抹灰
1-6	不同材质墙体交接处产生裂缝	隔墙板板缝挤满聚合物水泥胶浆,后用两道憎水型防裂胶二次填缝刮平;然后粘贴防裂100 mm宽、50 mm宽网格布两道并用聚合物砂浆平缝,避免震动	将轻质隔墙板裂缝的部位板缝填缝的砂浆清理掉,用两道憎水型防裂胶二次填缝刮平;然后粘贴防裂100 mm宽、50 mm宽牛皮纸两道并用聚合物砂浆平缝。达到强度后刮泥子恢复装饰面层
1-7	外墙保温层脱落	应提前检查电钻钻头的长度是否符合要求,检查粘接材料、粘接面积是否符合标准,并在施工过程中,检查操作人员是否按要求操作到位	将不合格的聚苯板铲除,重新钻眼,打膨胀螺栓,或使用合格粘接材料按规范要求面积进行粘贴

续上表

病害编号	简要问题描述	简要预防措施	简要治理措施
1-8	窗户上口结构尺寸偏差大,导致窗户开启受影响	土建施工要考虑精装修施工的完成界面,保证门窗开启空间	对现场结构进行修正,剔凿,保证门窗的开启空间
1-9	卫生间排水横管的底标高低于窗户上口标高,导致吊顶遮挡窗户	土建施工时考虑精装修空间效果,在建筑主体结构上要满足空间视觉要求	对窗户上口进行装饰处理,如增设窗帘盒或其他装饰性的构造
1-10	窗框与结构之间漏水	窗框与结构之间采用硅酮耐候密封胶密封	窗框四边外侧剔凿至结构面后用硅酮耐候密封胶密封,问题解决
1-11	窗框下口漏雨	针对外窗开启扇固定窗框下口排水口进行专项清理	清理疏通被杂物堵塞的开排水口
1-12	外墙面阴水	采用干硬性砂浆螺栓孔填塞密实,再涂刷 JS 防水涂料	将漏水点螺栓孔重新填塞密实
1-13	顶层顶板漏雨	加强防水卷材施工隐蔽工程检查;派专人负责后续工序施工成品保护	结构屋面板用堵漏灵涂刷抹实;再将防水卷材按规范搭接修补完善
1-14	管口毛刺处理	切焊管时钢锯尽量平稳,切口两边用东西垫起,保证管子平稳,随身携带手钳,在切管完毕后用钳子夹住管口并转几圈,清理掉毛刺,且套管处的两管间隙不超过 0.5 cm	加强对现场施工人员施工过程的质量控制,对工人进行针对性的培训工作;管理人员要熟悉有关规范,从严管理
1-15	管路裸露	管子要在预制钢筋前提前弯曲管子,且在支完模板后用垫块在模板与管子中间,保证线管与模板有一定的间距,防止以后拆模露管	加强对现场施工人员施工过程的质量控制,对工人进行针对性的培训工作;管理人员要熟悉有关规范,从严管理
1-16	地下室墙壁渗水	严格把控防水施工程序、工艺及材料	做闭水测试时间需要延长
1-17	排水主管线倒坡现象	严格控制管道坡度及回填土质量	从新铺设管道,增加检查口
1-18	室外直埋自来水管道漏水	土方回填按工艺施工,确保管道不受伤害	修补管道,按工艺要求重新回填土
1-19	轻钢龙骨背景墙无法悬挂电视	在精装之前加装细木工板与轻钢龙骨进行固定	在轻钢龙骨墙面开检修口寻找龙骨,将电视固定在龙骨上
1-20	地库地面渗水	防水及抗渗混凝土施工过程加强施工工艺监督管理	注浆修补,加强通风

病害编号	简要问题描述	简要预防措施	简要治理措施
1-21	墙面抹灰空鼓、裂缝,影响墙体感官质量	抹灰前对凹凸不平的强面必须剔凿平整,凹处用1:3水泥砂浆分层填实找平;基层表面污垢、隔离剂等必须清除干净;墙面脚手架孔和其他洞,应在抹灰前填堵抹平;砂浆和易性、保水性差时符合规范要求;不同基层材料交汇处宜铺钉钢丝网,每边搭接长度100~150 mm	剔除空鼓部位,按照上述措施进行处理
1-22	竖向钢筋位移	对墙、柱竖向钢筋采用定型钢筋卡定位,上口对称设置垫块;施工方案中预先考虑竖向钢筋受混凝土侧压作用,可能造成的竖向钢筋偏位的部位采取加固措施;混凝土浇筑后,立即按基线检查、校正、固定,防止偏位,特别对柱中大直径钢筋,更应严格检查,发现问题,及时纠正	严格控制垫块的间距,必要时对钢筋进行加固处理,确保固定牢靠
1-23	外饰面涂料起鼓、起皮、脱落	墙面及基层的养护应符合要求,及时将抹灰层的空鼓、气壳、开裂修补平整;基层要光洁、平整,不得有油污、浮灰等,同时基层应干燥,含水率不得大于10%或按材质对基层含水率的要求控制	剔除起鼓、起皮、脱落部位按照以上措施进行施工
1-24	回填土发生下沉、凹陷	严格按设计要求分层夯实,每层铺土厚度不得超过300 mm;控制和测定回填土的含水量。回填土前必须把基坑内的水抽干,淤泥挖除,杂物清理干净;回填土料中不得有大于50 mm 直径的干土块;含有机质的土料不能作有夯实要求的填料;分层夯实,采用环刀法取图样检测	挖出下沉回填土按上述措施重新回填
1-25	女儿墙、山墙、檐口、天窗、烟囱根部等处渗水漏雨	女儿墙、山墙、檐口天沟以及屋面伸出管道等细部处理,做到结构合理、严密;女儿墙、山墙与屋面板拉结牢固,防止开裂,转角处做成钝角;垂直面与屋面之间的卷材应设加强层并分层搭槎,卷材收口处,用木压条钉牢固并做好泛水及垂直面、绿豆砂保护层;出檐抹灰做滴水线或鹰嘴;天沟严格按设计要求找坡;雨水口要比周围低20 mm,短管要紧贴在基层上;雨水口及水斗周围卷材应贴实,层数(包括加强层)应符合要求;转角墙面做好找平层,使其平整	将开裂或脱开卷材割开,重铺卷材,其他可针对原因进行处理

续上表

病害编号	简要问题描述	简要预防措施	简要治理措施
1-26	露筋	注意垫足垫块,选配适当石子	混凝土渣子和铁锈清理干净,用提高一个强度等级的细石混凝土捣实,认真养护
2-1	大理石地面空鼓	控制好施工温度、基层、材料、工艺、养护	松动板块搬起处理基层后,重新铺设;断裂损坏的板块需更换
2-2	泥子不干,开裂	材料合格,基层处理到位,单层不宜过厚,环境不宜遭受风吹日晒	铲除重新批刮
2-3	吊顶不平	吊顶四周标高线准确的弹到地面,安装前将龙骨调平调直,控制好材料	平整度差别不大时刮泥子找平,当平整度差别较大时,拆除吊顶重新施工
2-4	卫生间外墙洇水	应仔细浇筑上返坎台混凝土的质量,并与楼面相固定;上返防水粘贴牢固;上返高度符合设计要求	此处出现漏水后,将原防水层铲除,并重新粘贴
2-5	暗埋管道漏水	使用同等材质、型号的合格产品,要进行打压试验	对同时采用此材料施工的部位进行返工处理,进行打压试验
2-6	地砖上墙,瓷砖脱落	采用特殊的粘接剂粘贴,或者在瓷砖上粘接铜丝,然后将铜丝压入砂浆中	将已经脱落和即将脱落的瓷砖拿下来重新用专用粘接剂粘贴
2-7	精装地暖管道漏水	精装前对管道打一次压,如有渗漏马上处理,粘完砖后再打一次压	将装饰层铲除,找到漏点,把管道接好后进行打压,确认不漏后恢复面层
2-8	入户门槛变形下沉,影响美观	精装修队伍进场前做好成品保护,避免导致施工过程中的损坏	在门槛上方加装不锈钢板,遮盖门槛下沉变形问题
2-9	室内木门起皮掉漆	明确材料要求,强化封样管理,加强过程监督	更换
2-10	大理石台面裂缝	加强台面拼缝材料质量监督	打磨处理或更换
2-11	墙体与门窗框交接处抹灰层空鼓、裂缝、脱落	发泡材料合格,填塞密实,抹灰平整均匀,密封胶合格美观	将空鼓、开裂处剔除,重新施工

病害编号	简要问题描述	简要预防措施	简要治理措施
2-12	喷涂抹灰花纹不匀,局部出现流淌,接茬明显	喷涂应连续作业,同一作业面由同一操作人员完成,不到分格缝处不得停歇	剔除杂物,重新施工
2-13	地面起砂	严格控制水灰比,合理施工温度,加强养护	清除浮砂,用磨石磨平,或用专业固化剂处理
2-14	门窗扇翘曲	安装前对门窗扇进行检查,翘曲超过 2 mm 的经处置后才能使用	维护或更换
3-1	预留孔洞偏差或缺失	施工过程中严格按照图纸要求施工	后期钻孔
3-2	窗框与墙体间有缝隙	应在缝隙内填充发泡材料,再用水泥砂浆抹平,最后用密封胶封堵	用密封材料封堵,外窗台做散水坡度
3-3	窗体有缝隙	窗在制作中严格要求,进场后严格检查,不合格的返工处理;各种胶打严,封闭交圈;锁点调紧	出现问题后及时处理,并对施工的部位进行返工处理,避免损失扩大
3-4	室内装饰石材断裂	在石材出场前要求加工厂对石材进行备筋处理增强石材强度	针对断裂部位进行修补
3-5	由二次结构分隔的相邻房间隔音较差	二次结构与楼板间存在缝隙	将二次结构顶部位置吊顶打开,封堵二次结构与楼板间间隙
3-6	楼顶防水保护层网外漏	要严格按施工规范控制保护层的防水施工、基层处理、工艺顺序、材料检验等环节	剔除外露部分,重新修补施工
3-7	楼顶亮化电源盒、布线接头部分存在安全隐患	严格把控施工工艺及材料	临时维护
3-8	园区内井盖破损	施工时在有井盖部位做标示物	
3-9	楼前大堂外没有做散水,缝隙较大影响整体品质	建筑物周边设计散水,散水下土层分层夯实	夯实土层,补做散水

第三节　混凝土结构加固

混凝土结构所处的环境大多为室外,容易受环境侵蚀等自然因素影响;随着建筑物材料老化,日常维修保养不当等人为过失,使用功能改变,设计规范对安全度、安全储备的要求提高,安全储备的要求提高等诸多原因,大量建筑物或构筑物的强度、刚度、抗裂性或局部和整体的稳定性不能满足要求,从经济性角度或从文化保护的角度考虑,这些建筑结构不允许推倒重建,因此就需要进行加固和修复,以提高结构的安全度,减少事故的隐患,从而延长建筑的使用寿命,保证正常的使用要求。

一、混凝土结构加固基本原则

1. 根据正常使用原则选择加固方法

若原混凝土出现起皮、起沙、蜂窝、麻面、细小裂缝、表面碳化等病害,这些病害若不进行及时处理,将会影响结构正常使用。而这些病害的处理,基本上不涉及强度的力学计算,而在于及时进行灌缝修补和化学处理等,按照正常使用原则选择合适的修补加固方法即可。

2. 根据力学计算来确定加固方法

加固方案很多,各自有其适用范围。因而,在选择加固方法时,安全性是首要考虑的。首先了解原混凝土结构的受力情况,确定设计的力学方向。混凝土结构加固的力学计算通常是针对某一单个杆件进行,主要是进行强度分析,所以要运用材料力学、工程力学、结构力学等知识,进行力学计算,确定原混凝土结构的薄弱点所在,进而选定加固方法。

3. 根据等效代换选择加固方法

确定原混凝土结构的薄弱点所在,如截面偏小、配筋不够、结构构件病害等,根据等效代换原则,考虑用增加截面的方法、粘贴钢板或碳纤维等来替代原配筋、托梁换柱更换构件等。

二、常见的混凝土结构修补技术

1. 混凝土裂缝修补技术

混凝土结构在使用过程,不可避免出现各种裂缝。这些裂缝有深有浅、有宽有窄。若经过检测和计算,裂缝的宽度或深度不会影响到混凝土结构的安全性和耐久性,属正常裂缝,对于这类裂缝,可不用处理,但要注意观察,以防裂缝继续扩大;若经过检测和计算,有些裂缝的存在或其发展会危及结构安全,或已经影响到了结构的正常使用,必须对于这类裂缝进行修补。混凝土裂缝修补应根据混凝土裂缝的起因、性状和大小,采用不同封护方法进行修补,使结构因开裂而降低的使用功能和耐久性得以恢复。

值得注意的是,但对受力性裂缝,除基本混凝土修补外,还需采用相应的结构加固措施。

2. 混凝土表面处理技术

混凝土常见的表面杂质有养护液、灰尘、水泥浮浆、脱模剂等,另外表面还常出现毛刺以及内部含有化学杂质等缺陷,会影响整体美观,且也会影响混凝土的防护性能。混凝土表面处理技术指采用机械方法、化学方法、喷砂方法、射水方法等,清理混凝土表面污痕、油迹、残渣以及其他附着物。清理时应尽量避免锤击等操作。

3. 混凝土表层密封技术

混凝土表层密封技术是指采用柔性密封剂充填、聚合物灌浆、涂膜等方法,对混凝土进行防水、防潮和防裂处理的技术,增加混凝土表面硬度、耐磨性、减少液体或气体渗透。

三、混凝土结构加固技术

混凝土结构加固主要可分为两大类,即直接加固和间接加固。直接加固是对混凝土结构采取通过一些加固补强措施。间接加固是通过一些混凝土结构构件和局部措施,改变原结构的受力途径,减少荷载效应,发挥构件的潜力,达到减少结构失效概率、加固结构的目的。直接加固和间接加固各有自身特点和适应范围,加固方案选取时要综合分析工程的实际条件和功能要求,选择合适的方法和相应的技术。

1. 直接加固的一般方法

(1)加大截面法

加大截面法是以增大结构构件的截面面积来提高承载力的加固方法。这种方法加固效果好、经济、适用面广,但施工复杂、湿作业工作量大、工期长,且对房屋的净空和美观有一定影响,妨碍正常使用,适用于板、梁、柱、墙、基础等一般受力构件。简单的构造示意如图 3-8所示。图 3-8(a)中的新旧板通过凿毛的结合面整体受力;当不考虑整体受力时,结合面也可不凿毛,认为新旧板各自受力,此时新板应该同时配正、负弯矩钢筋。图 3-8(b)、(c)也可以取一面或几面加宽。

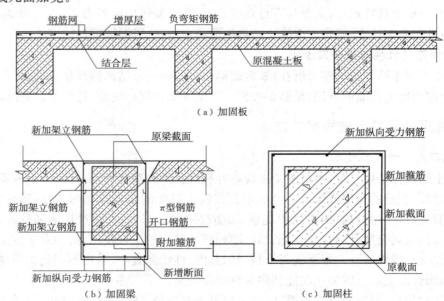

图 3-8 加大截面加固法

(2)外包型钢加固法

此方法是在结构构件的四角(或两角)包以型钢的加固方法。当以乳胶水泥粘贴或以环氧树脂化学灌浆等方法粘结时,称为湿式外包钢加固法;当型钢与原柱间无任何连结,或虽填塞有水泥砂浆仍不能确保结合面剪力有效传递进,称为干式外包钢加固法。该加固方法受力可靠、施工简便、工期短,但耗钢量较大,维护费较高,适用于梁、柱屋(桥)架。简单的构造示意如图 3-9 所示。

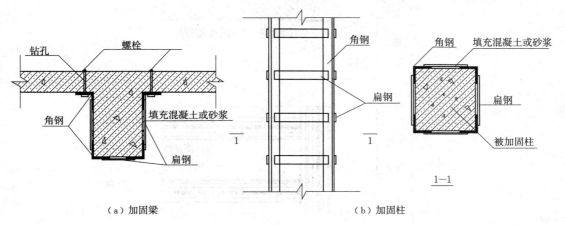

（a）加固梁　　　　　　　　　　　　（b）加固柱

图 3-9　外包钢加固法

（3）粘贴钢板加固法

此方法是用结构胶把钢板粘贴在构件外面以提高结构承载力和满足正常使用要求的加固方法。此方法施工工艺简单、速度快,对生产和生活影响小,要求环境温度不超过 60 ℃,相对湿度不超过 70％及无化学腐蚀的使用条件,否则应采取有效防护措施,对混凝土强度等级低于 C15 的构件不宜采用。此方法适用于板、梁、柱、墙、屋(桁)架。简单的构造示意如图 3-10 所示。

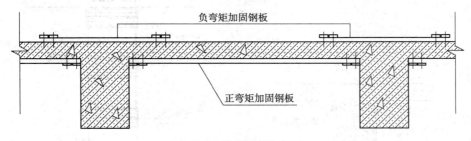

图 3-10　粘贴钢板加固法

（4）碳纤维加固法

此方法是利用树脂结材料将碳纤维片材粘贴于构件表面,从而提高结构承载力的加固方法。此方法材料轻质高强、施工方便,适用面广,要求环境温度不超过 60 ℃,相对湿度不超过 70％及无化学腐蚀的使用条件,否则应采取有效防护措施,对混凝土强度等级低于 C15 的构件不宜采用。此方法适用于板、梁、柱、墙、屋(桁)架。简单的构造示意如图 3-11 所示。

（5）绕丝加固法

该法系通过缠绕钢丝使被加固构件的混凝土受到约束作用,从而提高其极限承载力和延性,一般适用于提高混凝土强度等级或短柱的承载力。其优点为构件加固后增加自重较少、外形尺寸变化不大,还可用于局部加固;缺点是对矩形截面混凝土极限承载力提高幅度不大,从而限制了其应用范围。

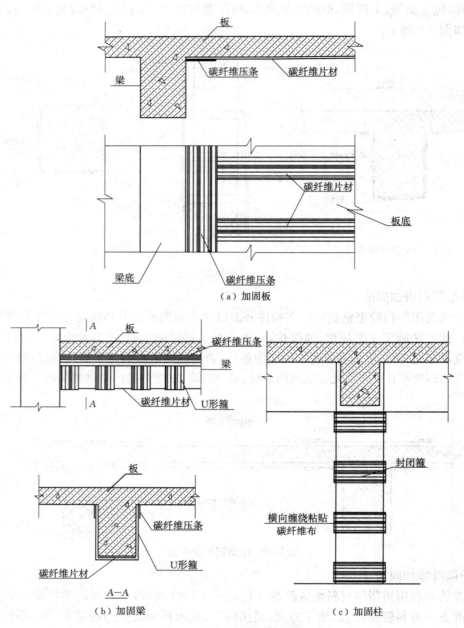

图 3-11 碳纤维片材加固法

（6）置换混凝土加固法

该法适用于各种结构构件的局部加固处理。其优点为构件加固后能恢复原貌，不改变原使用空间；缺点是施工时若不细致操作，易伤及原构件的混凝土和钢筋，且湿作业时间长。

（7）其他方法

如增设剪力墙和支撑体系，以增加结构的整体刚度，调整结构内力，改善结构和构件的受力状况，提高其抗水平力的能力。利用钢结构材料与技术加固混凝土结构等。

2. 间接加固的一般方法

(1) 预应力加固法

该方法是采用外加预应力的钢拉杆、钢绞线或型钢撑杆是卸载、加固及改变结构受力三者合一的加固方法,材料简便快捷,施工时不影响使用,但要有一套施工预应力的工序和设备器具,要求环境温度不超过 60 ℃,否则应该采取有效防护措施。该方法适用于梁、板、柱、屋(桥)架。简单的构造示意如图 3-12 所示。

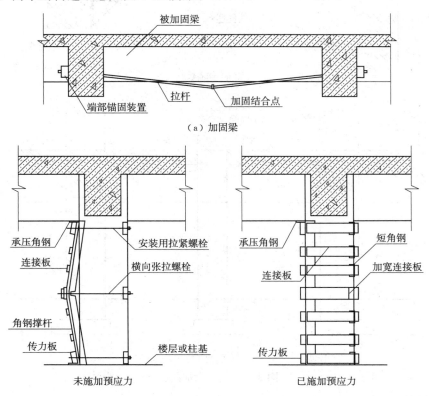

图 3-12 预应力加固法

(2) 增设支点加固法

该方法是通过增设支点,减小结构跨度和内力,提高结构承载力的加固方法,受力明确、简单可靠、效果好,但使用空间受到影响。该方法适用于板、梁桁架。简单的构造示意如图 3-13 所示。

3. 与结构加固改造方法配合使用的技术

(1) 后锚固技术

主要为植筋技术和锚栓技术,前者适用于建筑物结构性加固、改造中的构件连接、接长以及施工漏埋钢筋或钢筋偏离设计位置的补救;后者适用于金属构件(如钢部件、幕墙龙骨等)与混凝土结构的连接、紧固,也用于其他加固材料(如粘钢、外包钢和纤维复合材料粘贴等)与混凝土基层粘结的附加锚固。其优点是定位准确、施工方便;缺点是提高加固工程造价。

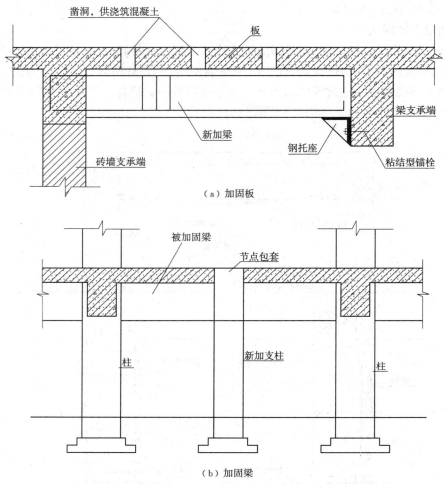

（a）加固板

（b）加固梁

图 3-13　增支点加固法

（2）阻锈技术

按照阻锈剂的类型，分为添加法和渗透法两种。前者适用于新增混凝土截面施工时掺入水泥和骨料中，使新浇筑的混凝土具有一定阻锈性能；后者适用于涂刷已有混凝土结构构件，使阻锈剂掺入到钢筋周围附着在钢筋表面，从而起到阻锈作用。

（3）托梁拔柱法

在不拆除或少拆除上部结构的情况下拆除、更换、接长柱的一种加固方法，适用于要求房屋使用功能改变、增大空间的老厂改造的结构加固。具体措施包括有支撑托梁拔柱、无支撑托梁拔柱和双托梁反牛腿托梁拔柱等方案。

（4）植筋技术

植筋技术是一项对混凝土结构较简捷、有效的连接与锚固技术，可植入普通钢筋，也可植入螺栓式锚筋，已广泛应用于已有建筑物的加固改造工程，如施工中漏埋钢筋或钢筋偏离设计位置的补救，构件加大截面加固的补筋，上部结构扩跨、顶升对梁、柱的接长，房屋加层接柱和高层建筑增设剪力墙的植筋等。

4. 结构加固新技术

(1)化学螺栓锚固技术

化学螺栓锚固技术属于后加固技术。采用化学螺栓锚固钢板,解决了常规锚固方法不能加固处理的难题和冬季施工进度慢的问题。近年来,在建筑翻新和建筑的改扩建等方面,化学螺栓锚固施工作为一种新型的、简便有效的后加固方法,得到了较为广泛的运用。

这种技术的特点:

①施工温度范围较宽,可在−5～40 ℃温度施工。

②无膨胀力锚固,对基材不产生挤压力,适用于各种基材。

③螺栓间距、边距小,适用于空间狭小处。

④安装操作便利,安装后能迅速固结,有较高的承载力。

⑤锚固厚度较大。

适用范围:

①适用于普通混凝土强度等级大于或等于 C15(未开裂混凝土)、致密的天然石材。

②用于多种构件。

③适用于重载及各种振动负载。

④在加固改造工程中与大面积粘钢组合使用,加固作用良好,既增强了梁板的抗剪作用,又对建筑混凝土梁板内部空隙有填补作用,提高了构件的整体承载力。

(2)CGM 高强无收缩灌浆技术

CGM 高强无收缩灌浆料,是以高强度材料作为骨料,以水泥作为结合剂,辅以高流态、微膨胀、防离析等物质配制而成。在施工现场加入一定量的水,搅拌均匀后即可使用。采用 CGM 高强无收缩灌浆料技术,主要用于混凝土加固以及原有结构上的孔洞的修补,加固效果良好。

适用范围:

①适用于混凝土结构加固改造、植埋钢筋及地脚螺栓锚固、钢结构或预制柱垫板注浆及混凝土梁柱接头连接、混凝土孔洞修补、基础锚杆灌浆、预应力构件孔道灌浆、设备基础二次灌浆等方面。

②适用于施工中不易进行振捣作业的部位。

③适用于室外恶劣气候条件、有腐蚀性、承受振动湿度大、较低温度等环境场合。

④CGM 灌浆料的施工温度为−10～40 ℃,使用温度在−100～600 ℃。

(3)裂缝自动压力灌浆技术

混凝土材料是一种脆性非均质的工程材料,抗拉强度低,抗裂性差,容易产生裂缝。产生裂缝的原因主要由外荷载直接应力和次应力引起;这些裂缝的存在,不但降低结构耐久性和防水性,而且给结构整体性和外观造成不良影响,甚至促成结构的破坏。为防患于未然,需要根据裂缝的部位、所处环境、配筋情况和结构形式,进行具体分析、判断和处理。裂缝自动压力灌浆技术特别适合于混土微细裂缝修补加固。

适用的裂缝宽度范围为 0.05～3 mm,根据结构物的类别可分为几种:

①混凝土外墙、内墙、屋架、梁柱、楼板、屋面板等裂缝的修补加固。

②水泥砂浆墙地面、瓷砖、石材等空鼓部位的充填。

③混凝土构筑物,如筒仓、预制构件、设备基础、水池、水坝、桥梁、隧道、混凝土路面、管道等裂缝修补、止水堵漏。

第四节　砌体结构加固

砌体结构的加固,应与实际施工方法紧密结合,采取有效措施,保证新增构件及部件与原结构连接可靠,新增截面与原截面粘结牢固,形成整体共同工作;并应避免对未加固部分,以及相关的结构、构件和地基基础造成不利的影响。

对高温、高湿、低温、冻融、化学腐蚀、振动、温度应力、地基不均匀沉降等影响因素引起的原结构损坏,应在加固设计中提出有效的防治对策,并按设计规定的顺序进行治理和加固。

砌体结构的加固,应综合考虑其技术经济效果,既应避免加固适修性很差的结构,也应避免不必要的拆除或更换。

对加固过程中可能出现倾斜、失稳、过大变形或坍塌的砌体结构,应在加固文件中提出有效的临时性安全措施,并明确要求施工单位必须严格执行。

一、加固方法及配合使用的技术

砌体结构的加固可分为直接加固与间接加固两类,设计时,可根据实际条件和使用要求选择适宜的加固方法及配合使用的技术。

直接加固宜根据工程的实际情况选用外加面层加固法、外包型钢加固法、外加预应力撑杆加固法、外粘纤维复合材加固法和外加扶壁柱加固法等。

间接加固宜根据工程的实际情况采用改变结构计算图形的加固方法(如增设支点或在排架结构中重点加强某一柱列的刚度等)。

与结构加固方法配合使用的技术应采用符合要求的裂缝修补技术和锚固技术。

二、外加钢筋混凝土面层加固法

采用钢筋混凝土外加面层加固砌体构件时,对柱宜采用围套加固的形式[如图 3-14(a)所示];对承重墙和带壁柱墙,宜采用有拉结的双侧加固形式[如图 3-14(b)、(c)所示]。

加固后的砌体柱,其计算截面可按宽度为 b 的矩形截面采用,如图 3-14(a)所示。加固后的砌体墙,其计算截面的宽度取为 $b+s$,如图 3-14(b)所示,b 为新增混凝土的宽度,s 为新增混凝土的间距;加固后的带壁柱砌体墙,其计算截面的宽度取窗间墙宽;但当窗间墙宽大于 $b+2/3H$(H 为墙高)时,仍取 $b+2/3H$ 作为计算截面的宽度,如图 3-14(c)所示。

钢筋混凝土外加面层的截面厚度不应小于 60 mm;当用喷射混凝土施工时,不应小于 50 mm。

加固用的混凝土,其强度等级不应低于 C20;当采用 HRB335 级钢筋或受有振动作用时,混凝土强度等级不应低于 C25。

在配制加固墙、柱等上部结构用的混凝土时,不应采用膨胀剂;必要时,可掺入适量减缩剂。

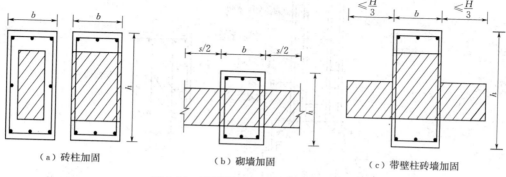

（a）砖柱加固　　　　　　　（b）砌墙加固　　　　　　（c）带壁柱砖墙加固

图 3-14　钢筋混凝土外加层的加固形式

加固用的纵向受力钢筋,可采用直径为 12～25 mm 的 HPB300 级或 HRB335 级钢筋;当需加设纵向构造钢筋时,可采用直径不小于 12 mm 的同级钢筋。纵向钢筋的净间距不应小于 30 mm。

纵向钢筋的上下端均应有可靠的锚固;上端应锚入有配筋的混凝土梁垫、梁、板或牛腿内;下端应锚入基础内。纵向钢筋的接头应为焊接。

当采用围套式的钢筋混凝土外加面层加固砌体柱时,应采用封闭式箍筋。箍筋直径不应小于 6 mm。箍筋的间距不应大于 150 mm。柱的两端各 500 mm 范围内,箍筋应加密,其间距可取为 100 mm。若加固后的构件截面高度 h≥500 mm,尚应在截面两侧加设纵向构造钢筋,如图 3-15 所示,并通过在原砌体上钻孔,相应设置拉结钢筋作为箍筋。

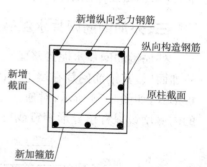

图 3-15　围套式外加层的构造

当采用两对边增设钢筋混凝土外加层加固带壁柱墙或窗间墙,如图 3-16、图 3-17 所示,应沿砌体高度每隔 250 mm 交替设置不等肢 U 形箍和等肢 U 形箍。不等肢 U 形箍在穿过墙上预钻孔后,应弯折成封闭式箍筋,并在封口处焊牢。U 形筋直径为 6 mm;预钻孔的直径可取 U 形筋直径的 2 倍;穿筋时应采用植筋专用的结构胶将孔洞填实。对带壁柱墙,尚应在其拐角部位增设纵向构造钢筋与 U 形箍筋焊牢。

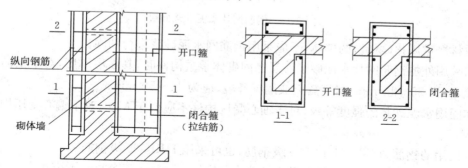

图 3-16　带壁柱墙的加固构造

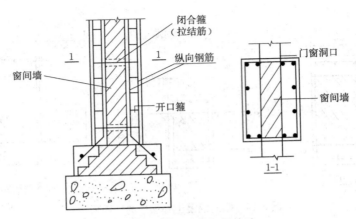

图 3-17　窗间墙的加固构造

当砌体构件截面任一边的纵向钢筋多于 3 根时,应通过预钻孔增设复合箍筋或拉结钢筋,并采用植筋专用结构胶将孔洞填实。

三、外加钢筋网片水泥砂浆面层加固法

外加钢筋网片水泥砂浆面层加固法适用于各类砌体墙、柱的加固。一般情况下,新增的外加面层,其钢筋网片在墙上的固定宜采用穿墙的 S 形钢筋或不穿墙的 U 形钢筋拉结的夹板形式,如图 3-18 所示;对独立柱和窗间墙宜采用围套形式;对非承重墙,也可采用仅在墙的内侧增设以种植异形销钉或尼龙锚栓拉结钢筋网片的形式。

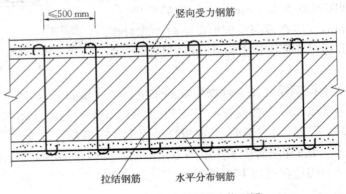

图 3-18　钢筋网片水泥砂浆面层

块材严重风化(酥碱)的砌体,不应采用钢筋网水泥砂浆进行加固。

当采用外加钢筋网片水泥砂浆面层加固砌体承重构件时,其面层厚度,对于室内正常湿度环境,应为 35～45 mm;对于露天或潮湿环境,应为 45～50 mm。

加固用水泥砂浆的强度等级,对于轴心受压构件不应低于 M10,对于偏心受压构件不应低于 M15。

加固用的钢筋,宜采用 HPB300 级钢筋,也可采用 HRB335 级钢筋。

当加固柱和墙的壁柱时,竖向受力钢筋直径宜取 12 mm,其净间距不应小于 30 mm;受压钢筋一侧的配筋率不应小于 0.2%;受拉钢筋的配筋率不应小于 0.15%。柱的箍筋应采

用封闭式,其直径不应小于 6 mm,间距不应大于 150 mm。柱的两端各 500 mm 范围内,箍筋应加密,其间距可取为 100 mm。在墙的壁柱中,应设两种箍筋:一种为不穿墙的 U 形筋,但应焊在墙柱角隅处的竖向构造筋上,其间距与柱的箍筋相同;另一种为穿墙箍筋,加工时,宜先做成不等肢 U 形箍,待穿墙后再弯成封闭式箍,其直径宜为 8～10 mm,每隔 600 mm 替换一支不穿墙的箍筋。箍筋与竖向钢筋的连接应为焊接。

当加固墙体时,宜采用点焊方格钢筋网片,网片中竖向受力钢筋直径不应小于 8 mm;水平分布钢筋的直径宜为 6 mm;网格尺寸不应大于 500 mm。当钢筋网片水泥砂浆面层采用夹板墙形式时,应在网格结点处设置穿墙的拉结钢筋,其直径可取 8 mm。拉结筋应与钢筋网片焊牢。拉结钢筋的间距宜为钢筋网格间距的整倍数,并呈梅花状布置。

钢筋网片四周应与楼板、大梁、柱或墙体连接。墙、柱加固增设的竖向受力钢筋,其上端应锚固在楼层构件、圈梁或配筋的混凝土垫块中;其伸入地下一端应锚固在基础内。锚固可采用植筋方式。

当原构件为多孔砖砌体或混凝土小砌块砌体时,应采用专门的机具和结构胶埋设穿墙的箍筋或拉结筋。若无此条件,应先在钻好的孔洞(直径不小于 30 mm)中,以压力灌浆法注入结构用灌浆料填实内部空隙,然后再植入钢筋。混凝土小砌块砌体不得采用单侧外加面层。

钢筋网的横向钢筋遇有门窗洞时,对单面加固情形,宜将钢筋弯入洞口侧面并沿周边锚固;对双面加固情形,宜将两侧的横向钢筋在洞口处闭合,且尚应在钢筋网折角处设置加固竖筋。

四、外包型钢加固法

当采用外包型钢加固矩形截面砌体柱时,宜选用以角钢为四肢的组合构件,以缀板围束砌体的钢构架加固方式,如图 3-19 所示。

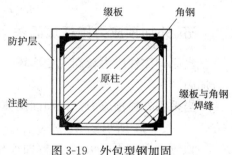

图 3-19　外包型钢加固

当采用外包型钢加固砌体承重柱时,钢构架应采用 Q235 钢(3 号钢)制作;钢构架中的受力角钢和扁钢缀板的最小截面尺寸应分别为 ∟60×6 和—60 mm×6 mm。

钢构架的四肢角钢,应采用封闭式缀板作为横向连接件,以焊接固定。缀板的间距不应大于 500 mm。

为使角钢及其缀板紧贴砌体柱表面,应采用聚合物砂浆粘贴角钢及缀板,也可采用注浆料进行压注。

钢构架两端应有可靠的连接和锚固,如图 3-20 所示:其下端应锚固于基础内;上端应抵紧在该加固柱上部(上层)构件的底面,并与预设的、锚固于梁、板、柱帽或梁垫的短角钢相焊接。

在钢构架(从地面标高向上量起)的 $2h$ 和上端的 $1.5h$(h 为原柱截面高度)节点区内,缀板的间距不应大于 250 mm。与此同时,还应在柱顶部位设置角钢箍予以加强。

在多层砌体结构中,若不止一层承重柱需增设钢构架加固,其角钢应通过开洞连续穿过各层现浇楼板;若为预制楼板,宜局部改为现浇,使角钢保持通长。

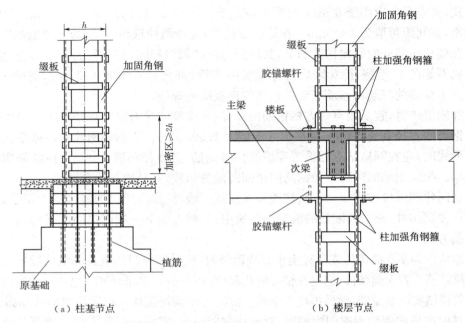

（a）柱基节点　　　　　　　　　（b）楼层节点

图 3-20　钢构架构造

采用外包型钢加固砌体柱时,型钢表面宜抹厚度不小于 25 mm 的 1∶3 水泥砂浆作保护层。

五、外加预应力撑杆加固法

当原砌体柱应力较高或变形较大而外加荷载又难以卸除时,可采用外加预应力撑杆进行加固。

当采用外加预应力撑杆加固砌体柱时,宜选用两对角钢组成的双侧预应力撑杆的加固方式,如图 3-21 所示。

预应力撑杆用的角钢,其截面尺寸不应小于 60 mm×60 mm×6 mm。压杆肢的两根角钢应用钢缀板连接,形成槽形截面,缀板截面尺寸不应小于 80 mm×6 mm。缀板间距应保证单肢角钢的长细比不大于 40。

六、粘贴纤维复合材加固法

本方法适用于轴心受压砖柱的加固。

被加固的轴心受压砖柱,其现场实测砖强度等级不得低于 MU7.5,砂浆强度不得低于 0.4 MPa。

粘贴在砌体表面上的纤维复合材,其表面应进行防护处理。表面防护材料应对纤维及胶粘剂无害。

采用本方法加固的砌体结构,其长期使用的环境温度不应高于 60 ℃;处于特殊环境(如高温、高湿、介质侵蚀、放射等)的混凝土结构采用本方法加固时,除应按国家现行有关标准的规定采取相应的防护措施外,尚应采用耐环境因素作用的胶粘剂,并按专门的工艺要求施工。

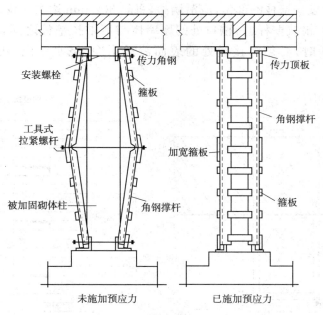

图 3-21 预应力撑杆加固方式

当被加固构件的表面有防火要求时,应按现行国家标准《建筑设计防火规范》规定的耐火等级及耐火极限要求,对胶粘剂和钢板进行防护。

环向围束的纤维织物层数,对圆形截面不应少于 2 层,对于正方形和矩形截面柱不应少于 3 层。

环向围束上下层之间宜相互错开粘贴;若采用搭接方式粘贴时,其搭接宽度不应小于 50 mm,且搭接位置应相互错开,纤维织物环向截断点的延伸长度不应小于 200 mm。

当采用环向围束加固正方形和矩形截面构件时,其截面棱角应在粘贴前加以圆化(倒角)处理;柱的圆化半径,对碳纤维不应小于 25 mm,对玻璃纤维不应小于 20 mm。

七、增设砌体扶壁柱加固

新增设扶壁柱的截面宽度不应小于 240 mm,其厚度不应小于 120 mm,如图 3-22 所示。当用角钢—螺栓拉结时,应沿墙的全高和内外的周边,增设水泥砂浆或细石混凝土防护层(如图 3-22 中的虚线部分)。

当增设扶壁柱以提高受压构件的承载力时,应沿墙体两侧增设扶壁柱。

加固用的块材强度等级应比原结构的设计块材强度等级提高一级(不得低于 MU15),并应选用整砖(砌块)砌筑。加固用的砂浆强度等级,不应低于原结构设计的砂浆强度等级,且不应低于 M5。

增设扶壁柱处,沿墙高应设置以 $2\phi12$ 带螺纹、螺帽的钢筋与双角钢组成的套箍,将扶壁柱与原墙拉结;套箍的间距不应大于 500 mm,如图 3-23 所示。

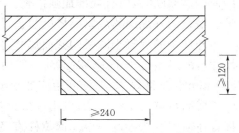

图 3-22 增设扶壁柱的截面尺寸(单位:mm)

在原墙体需增设扶壁柱的部位,应沿墙高,每隔 300 mm 凿去一皮砖,形成水平槽口,如图 3-24 所示。砌筑扶壁柱时,槽口处的原墙体与新增扶壁柱之间,应上下错缝,内外搭砌。砖砌体接槎时,必须将接槎处的表面清理干净,浇水湿润,用干捻砂浆将灰缝填实。

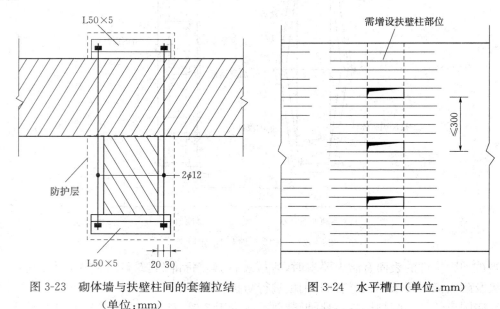

图 3-23　砌体墙与扶壁柱间的套箍拉结
（单位:mm）

图 3-24　水平槽口(单位:mm)

扶壁柱应设基础,其埋深应与原墙基础相同。

八、砌体结构的构造性加固

1. 增设圈梁加固

当圈梁设置不符合现行设计规范要求,或纵横墙交接处咬槎有明显缺陷,或房屋的整体性较差时,应增设圈梁进行加固。

外墙增设的圈梁应采用现浇钢筋混凝土外加圈梁。在特殊情况下,亦可采用型钢圈梁。

内墙圈梁可用双根或单根钢拉杆代替,钢拉杆设置间距应适当加密。

增设的圈梁宜连续地设在楼、屋盖标高的同一水平面上,并形成封闭式构造。当圈梁被门窗洞口截断时,应有局部加强措施。变形缝处两侧的圈梁应分别闭合。

增设的外加圈梁应紧贴楼(屋)盖设置。钢拉杆应靠近楼(屋)盖和墙面。

外加钢筋混凝土圈梁的截面尺寸可采用 120 mm×180 mm(垂直墙面尺寸×平行墙面尺寸),配筋不得小于 4ϕ12;箍筋一般用 ϕ6@200;当圈梁与外加柱相连接时,在柱边两侧各 500 mm 长度区段内,箍筋间距应加密至 ϕ6@100。

横墙承重房屋的内墙,可用单根钢拉杆代替圈梁;纵墙承重和纵横墙承重的房屋,钢拉杆宜在横墙两侧各设一根。钢拉杆直径应根据房屋进深尺寸和加固要求等条件确定,但不应小于 ϕ16;其方形垫板尺寸宜为 200 mm×200 mm×15 mm。

无横墙的开间,其外加圈梁应与进深梁或现浇钢筋混凝土楼盖可靠连接。

每道内纵墙均应用单根拉杆与外山墙拉结,钢拉杆直径可视墙厚、房屋进深和加固要求等条件确定,但不小于 $\phi 16$;钢拉杆长度不应小于两开间。

当采用结构胶植筋时,原砌体的块材强度等级不应低于 MU7.5,砂浆的强度等级不应低于 M2.5。

外加钢筋混凝土圈梁与砌体墙的连接,宜选用锚固型结构胶或聚合物砂浆锚筋,亦可选用化学锚栓或钢筋混凝土销键。

锚筋仅适用于实心砖砌体与外加钢筋混凝土圈梁之间的连接,且原砌体砖的强度等级不得低于 MU7.5,原砂浆的强度等级不应低于 M2.5。

锚筋的直径不应小于 $\phi 14$;当锚筋的根部有弯钩,且弯钩长度不小于 $2.5d$ 时,锚筋埋深可取 $L_s \geqslant 10d$,且不小于 120 mm。当锚筋采用锚固型结构胶植筋,且根部无弯钩时,应取 $L_s \geqslant 15d$。锚筋孔应采用电钻成孔,孔径 $D=d+4$ mm,孔深 $l_d=l_s+10$(mm)。

锚筋的间距为 300 mm。当外加钢筋混凝土圈梁用螺杆与墙体连接时,螺杆的一端应作直角弯钩埋入圈梁,埋入长度为 $30d$(d 为锚杆的直径),另一端用螺帽拧紧。当外加钢筋混凝土圈梁采用钢筋混凝土销键与墙体连接时,销键高度与圈梁相同,宽度为 120 mm,入墙深度不小于 180 mm,配筋量应不小于 $4\phi 8$,间距宜为 $1\sim 2$ m,外墙圈梁的销键宜设置在孔口两侧,销键凿洞时应防止损伤墙体。

外加钢筋混凝土圈梁的混凝土强度等级不应低于 C20,圈梁在转角处应设 $2\phi 12$ 斜筋。

钢筋混凝土外加圈梁的顶面应做泛水,底面应做滴水沟。

外加钢筋混凝土圈梁的钢筋外保护层厚度不小于 25 mm,受力钢筋接头位置应相互错开,其搭接长度为 $40d$(d 为纵向钢筋直径)。任一搭接区段内,有搭接接头的钢筋截面面积不应大于总面积的 25%;有焊接接头的纵向钢筋截面面积不应大于同一截面钢筋总面积的 50%。

钢拉杆与外加钢筋混凝土圈梁可采用下列方法之一进行连接:

(1)钢拉杆埋入圈梁,埋入长度为 $30d$(d 为钢拉杆直径),端头作弯钩。

(2)钢拉杆通过钢管穿过圈梁,然后用螺栓拧紧。

(3)钢拉杆端头焊垫板埋入圈梁,垫板与墙面间的间隙不小于 80 mm。

当采用第 1 种或第 3 种连接方法时,钢拉杆应待混凝土达到强度后,再用花篮螺栓拧紧。

型钢圈梁的规格应不小于∟8 或∟75×6,并应每隔 $1\sim1.5$ m,与墙体用普通螺栓拉结,螺栓直径不应小于 $\phi 12$,圈梁与墙面之间的间隙可用干硬性水泥砂浆塞严。

型钢圈梁的接头应为焊接。

钢拉杆和型钢圈梁均应除锈,刷防锈漆,调和漆二道。

设置外加圈梁的外墙体,其饰面层及酥碱表面应凿掉;并按加固的要求进行修补;墙体裂缝应按其性质采取修补或加固措施。

2. 增设构造柱加固

当无构造柱或构造柱设置不符合现行国家标准时,应增设现浇钢筋混凝土构造柱进行加固。

构造柱的材料、构造及设置部位应符合现行行业标准《建筑抗震加固技术规程》关于外加柱设计和构造的规定。

增设的构造柱应与墙体、圈梁、拉杆等连接成整体,若所在位置与圈梁连接不便,也应采取措施与现浇混凝土楼、屋盖可靠连接。

3. 增设梁垫加固

当大梁下原砌体(或原梁垫)被局部压碎,或大梁下墙体出现局部竖向裂缝时,应增设(或更换)梁垫进行加固。

增设梁垫宜采用现浇或预制的钢筋混凝土梁垫,其混凝土强度等级,现浇时不低于C20;预制时不低于C25。梁垫尺寸应按现行设计规范的要求,经计算确定,但梁垫厚度不应小于 180 mm;梁垫的配筋应按抗弯条件计算配置。当按构造配筋时,其用量不应少于梁垫体积的 0.5%。

增设梁垫宜采用"托梁"的方法进行施工。"托梁"即支顶牢固后,按梁垫尺寸和安装要求拆除梁下被压碎或有局部竖向裂缝的砌体,并采用强度等级比原砌筑砂浆高一级的水泥砂浆和整砖补砌完整后,再浇注或安置梁垫;待梁垫混凝土达到设计要求强度后,方能拆除托梁的支柱或支撑。

拆除梁下砌体时,应轻敲细打,逐块拆除,不得影响不拆除砌体的整体性和强度,拆除完毕后,应清除碎渣和清洗浮灰,并待砌体充分湿润后,再坐浆安设梁垫。

当安装预制钢筋混凝土梁垫时,应先铺设 10 mm 厚不低于 M10 的水泥混合砂浆,并注意与大梁紧密接触。如梁垫安装后与大梁底未达到紧密接触时,可用钢板填塞紧密。

托梁柱或支撑的支承处应牢固。当支承在地面上时,应采取措施分布所承担的荷载,以防止支承点沉降;当支承在楼面上时,应逐层支顶和采取分布荷载措施,以防止造成楼面的破坏和局部损伤。

4. 砌体局部拆砌

当墙体局部破裂但在查清其破裂原因后尚未影响承重及安全时,可将破裂墙体局部拆除,并按提高砂浆强度等级一级的要求采用整砖填砌。

拆砌墙体时,应根据墙体破裂情况分段进行,拆前应对支承在墙体上的楼盖(或屋盖)进行可靠的支顶。

分段拆砌墙体时,应先砌部分留槎,并埋设水平钢筋与后砌部分拉结。拉结作法可采用每五匹砖设 $3\phi4$ 拉结钢筋,钢筋长度 1.2 m,每端压入 600 mm。

局部拆砌墙体时,新旧墙交接处不得凿水平槎或直槎,应做成踏步槎接缝,缝间设置拉结钢筋以增强新旧墙的整体性。当采用钢筋扒钉进行拉结时,扒钉可用 $\phi6$ 钢筋弯成,长度应超过接缝(槎)两侧各 240 mm,两端弯成长 100 mm 的直弯钩,并钉入砖缝,扒钉间距取 300 mm。

如遇拆砌墙体位于转角处或纵横墙交接处时,应采取相应的可靠措施进行拉结锚固。

拆砌的最上一匹砖与上面的原砖墙相接处的水平灰缝,应用高强砂浆或细石混凝土填塞密实。

局部拆砌墙体时,在新旧墙或先后段接缝处,施工时应将接槎剔干净,用水充分湿润,且砌筑时灰缝应饱满。

九、砌体裂缝修补方法

本方法适用于修补影响砌体结构、构件正常使用性的裂缝,对承载能力不足引起的裂缝,尚应按规定的方法进行加固。

应根据裂缝的种类、性质及出现部位进行修补设计,以选择适宜的修补材料、修补方法和修补时间。

(一)砌体结构的裂缝的分类

1. 静止裂缝

由过去事件引起且不再变化的裂缝。其特点是裂缝宽度和长度稳定,修补时选用的材料和方法仅与裂缝粗细有关,而与材料的刚性或柔性无关。

2. 活动裂缝

裂缝宽度不能保持稳定、易随着正常使用的结构荷载或砌体湿热的变化而时开时合的裂缝。当无法完全消除其产生原因时,修补这类裂缝宜使用有足够柔韧性的材料,或无粘结的覆盖材料。

(二)常用于裂缝修补的材料

1. 水泥类材料

结构用聚合物水泥砂浆和复合水泥砂浆等。

2. 钢材

包括钢筋、钢丝网、钢板网、钢条等。

3. 密封、嵌缝材料

包括有机硅密封胶、聚氨酯密封胶、聚硫密封胶、改性环氧类树脂、丙烯酸类密封胶以及其他聚合物材料等。

4. 纤维织物

包括耐碱玻璃纤维、高强玄武岩纤维等制成的织物。

(三)常用裂缝修补方法

常用的裂缝修补方法有填缝法、压浆法、外加网片法和置换法等。根据工程的需要,这些方法尚可组合使用。

1. 填缝法修补砌体裂缝

填缝法适用于处理砌体中宽度大于 0.5 mm 的裂缝。当用于处理活动裂缝时,应填柔性密封材料。

修复裂缝前,首先应剔凿干净裂缝表面的抹灰层,然后沿裂缝开凿 U 形槽。对凿槽的深度和宽度,应符合下列要求:

(1)当为静止裂缝时,槽深不宜小于 15 mm,槽宽不宜小于 20 mm。

(2)当为活动裂缝时,槽深宜适当加大,且应凿成光滑的平底,以利于铺设隔离层;槽宽宜按裂缝预计张开量 t 加以放大,通常可取为 15 mm+5t。另外,槽内两侧壁应凿毛。

(3)当为钢筋锈蚀引起的裂缝时,应凿至钢筋锈蚀部分完全露出为止,钢筋底部混凝土凿除的深度,以能使除锈工作彻底进行。

对静止裂缝,可采用改性环氧砂浆、氨基甲酸乙酯胶泥或改性环氧胶泥等作为充填材料,其充填构造如图 3-25(a)所示。

对活动裂缝,可采用丙烯酸树脂、氨基甲酸乙酯、氯化橡胶或可挠性环氧树脂等为充填用的弹性密封材料(或密封剂),并可采用聚乙烯片、蜡纸或油毡片等为隔离层,其充填构造如图 3-25(b)所示。

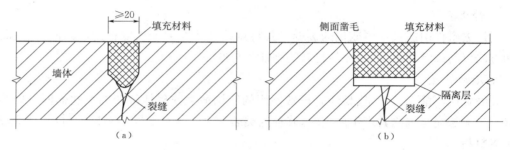

图 3-25 填充法裂缝补图(单位:mm)

对锈蚀裂缝,应在已除锈的钢筋表面上,先涂刷防锈液或防锈涂料,待干燥后再充填封闭裂缝材料。

对活动裂缝,其隔离层应干铺,不得与槽底有任何粘结。其弹性密封材料的充填,应先在槽内两侧表面上涂刷一层粘结剂,以使充填材料能起到既密封又能适应变形的作用。

修补裂缝应符合以下要求:

(1)充填封闭裂缝材料前,应先将槽内两侧凿毛的表面浮尘清除干净。

(2)采用水泥基修补材料填补裂缝,应先将裂缝及周边砌体表面润湿。

采用有机材料不得湿润砌体表面,应先将槽内两侧面上涂刷一层树脂基液,待固化后即可充填所选用的材料。

(3)充填封闭材料应采用搓压的方法填入裂缝中,并应修复平整。

2. 压浆法

压浆法即压力注浆法,适用于处理裂缝宽度大于 0.5 mm,深度较深的裂缝。

压浆的材料有:无收缩水泥基灌浆料、环氧基灌浆料等。

压浆工艺应按规定的流程进行:

清理裂缝→安装灌浆嘴→封闭裂缝→试漏→配浆→压浆→封口处理

施工操作要点:

(1)清理裂缝

砌体裂缝两侧不少于 100 mm 范围内的抹灰层剔凿掉,油污、浮尘清除干净;用钢丝刷、毛刷等工具,清除裂缝表面的灰尘、白灰、浮渣及松软层等污物;用高压气尽量清除缝隙中的颗粒和灰尘。

(2)灌浆嘴安装

①灌浆嘴位置。当裂缝宽度在 2 mm 以内时,灌浆嘴间距可取 200～250 mm;当裂缝宽

度在 2～5 mm 时,可取 350 mm;当裂缝宽度大于 5 mm 时,可取 450 mm,且应设在裂缝端部和裂缝较大处。

②钻眼。按标准位置钻深度 30～40 mm 的孔眼,孔径宜略大于灌浆嘴的外径。钻好后应清除孔中的粉屑。

③固定灌浆嘴。在孔眼用水冲洗干净后,先涂刷一道水泥浆,然后用 M10 的水泥砂浆或环氧树脂砂浆将灌浆嘴固定,裂缝较细或墙厚超过 240 mm 时墙应两侧均安放灌浆嘴。

(3)封闭裂缝

在已清理干净的裂缝两侧,先用水浇湿砌体表面,再用纯水泥浆涂刷一道,然后用 M10 水泥砂浆封闭,封闭宽度约为 200 mm。

(4)试漏

待水泥砂浆达到一定强度后,应进行压气试漏。对封闭不严的漏气处应进行修补。

(5)配浆

根据浆液的凝固时间及进浆强度,确定每次配浆数量。浆液稠度过大,或者出现初凝情况,应停止使用。

(6)压浆

①压浆前应先灌水,此时空气压缩机的压力控制在 0.2～0.3 MPa。

②然后将配好的浆液倒入储浆罐,打开喷枪阀门灌浆,直至邻近灌浆嘴(或排气嘴)溢浆为止。

③压浆顺序应自下而上,边灌边用塞子堵住已灌浆的嘴,灌浆完毕且已初凝后,即可拆除灌浆嘴,并用砂浆抹平孔眼。

在压浆时应严格控制压力,防止损坏边角部位和小截面的砌体,必要时,应作临时性支护。

3. 外加网片法

外加网片法适用于增强砌体抗裂性能,限制裂缝开展,修复风化、剥蚀砌体。

外加网片所用的材料包括:钢筋网、钢丝网、复合纤维织物网等。当采用钢筋网时,其钢筋直径不宜大于 4 mm。当采用无纺布替代纤维复合材料修补裂缝时,仅允许用于非承重构件的静止细裂缝的封闭性修补上。

网片覆盖面积除应按裂缝或风化、剥蚀部分的面积确定外,尚应考虑网片的锚固长度。一般情况下,网片短边尺寸不应小于 500 mm。网片的层数:对钢筋和钢丝网片,一般为单层;对复合纤维材料,一般为 1～2 层;设计时可根据实际情况确定。

4. 置换法

置换法适用于砌体受力不大,砌体块材和砂浆强度不高的部位以及风化、剥蚀砌体,如图 3-26 所示。

置换用的砌体块材可以是原砌体材料,也可以是其他材料,如配筋混凝土实心砌块等。

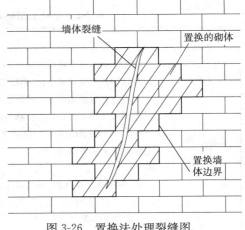

图 3-26　置换法处理裂缝图

置换砌体施工应满足以下要求：

(1)把需要置换部分及周边砌体表面抹灰层剔除,然后沿着灰缝将置换砌体凿掉。在凿打过程中,应避免扰动不置换部分的砌体。

(2)仔细把粘在砌体上的砂浆剔除干净,清除浮尘后充分润湿墙体。

(3)修复过程中应保证填补砌体材料与原有砌体可靠嵌固。

(4)砌体修补完成后,再做抹灰砂浆。

第五节　混凝土结构与砌体结构验收、维护与保养

一、验收注意事项

(1)竣工图应与施工现场实物相符,且均有施工单位(包括总包和分包施工单位)加盖"竣工图"标志。

(2)梁柱板尺寸定位是否符合图纸要求,其成形质量是否有蜂窝麻面等。是否有修补的痕迹,如果有,应询问修补的原因,是否对结构有影响。

(3)预埋件是否准确埋设,插筋是否预留,雨水管过水洞是否留设准确,卫生间等设备是否按要求留设,对后封的洞板钢筋是否预留等。

(4)砌体工程的砂浆是否饱满,强度是否够,砌体是否平直,墙面是否平整。砌体中的构造柱是否设槎,框架梁下砌体是否密实,圈梁是否按要求设置。墙面的砂浆找平层厚度是否过厚等等。

(5)检查各层施工时的沉降记录是否有过大的差异沉降。每层增加的沉降量,及各观测点间的沉降差。如有差异过大,首先加大观测密度。

(6)查看施工记录(重点是基础和钢筋隐蔽记录、闭水和淋水试验记录),各种材料合格证,试件的强度检验报告、建设工程竣工验收报告等。

二、维护与保养

混凝土与砌体结构在日常结构维护与保养见表3-2。

表 3-2　混凝土结构与砌体结构维修与保养内容及要求

项　目	维 修 内 容 及 要 求
砌体结构	1. 砌块和砌筑砂浆的强度等级、品种、原材料、配合比应符合设计要求 2. 使用旧砖时应刮整干净,强度符合设计要求 3. 水平缝的砂浆饱满度不得低于80%(承重空心砖砌体除外);竖缝应严实 4. 组砌方法应正确,不应有通缝;独立砖柱不得用包心砌法;墙角处和内外墙交接处的斜槎和直槎应通顺密实,直槎必须按规定加拉结筋 5. 新旧墙必须咬口,每米(高度)不得少于3处;接槎部位砂浆必须饱满;新旧墙灰缝和组砌形式应一致 6. 墙、柱面应平整清洁,刮缝深度应适宜,勾缝应密实,深浅应一致;横竖缝交接处应平整 7. 砌体掏开洞口的位置、形状、大小应符合设计要求,严禁违反设计文件擅自改动建筑主体、承重结构或主要使用功能

续上表

项　目	维修内容及要求
混凝土结构	1. 结构拆除施工前,应制定完善的施工方案并采取相应的安全技术措施,确保原房屋构筑物的安全,必要时施工方案应经过专家论证 2. 需保留原构件钢筋时,应选用适宜的拆除方法,不得任意切断、弯折和损伤原有钢筋;需保留的钢筋搭接长度应符合设计和有关标准的规定 3. 拆除的部分应拆除彻底、干净,不得有遗漏;拆除部位的位置和尺寸应符合设计要求,最大偏差不应超过±25 mm 4. 钢筋的材质、规格、型号、安装间距及保护层厚度均应符合设计要求和规范规定 5. 钢筋应平直、无损伤,表面不得有裂纹、油污、颗粒状或片状老锈;除锈后仍留有麻点的钢筋不得按原规格标准使用 6. 钢筋焊接、绑扎接头应符合有关标准、规范的要求,焊接接头表面无烧伤、无裂纹,焊接和绑扎的钢筋骨架和钢筋网片应牢固,不松动、不变形,同一截面受力钢筋接头数量和搭接长度,应符合规范规定;垫块应符合要求 7. 混凝土所用水泥、外加剂、粗细骨料、掺合料等原材料,应符合设计要求 8. 混凝土强度等级必须符合设计要求 9. 新旧混凝土结合时,基层混凝土存在的空鼓、酥松、裂缝等缺陷应剔凿清理至密实部位;浇筑混凝土前,基层混凝土表面应用水冲洗干净,并涂刷水泥浆等界面剂;新增构件和部件与原结构应连接可靠,新增截面与原截面应粘接牢固,形成整体 10. 混凝土结构加固施工时,应避免对未加固部分以及相关的结构、构件和地基基础造成不利的影响 11. 混凝土应振捣密实,合理养护,表面平整,不应露筋和有较多的蜂窝麻面;不得有超过允许的裂缝

第六节　安全注意事项

在日常结构维护与保养中,维保工作人员应注意以下安全事项:

(1)未经安全教育培训合格不得上岗,非操作者严禁进入危险区域;特种作业必须持特种作业资格证上岗。

(2)严格执行操作规程,不得违章指挥和违章作业,对违章作业的指令有权拒绝并有责任制止他人违章作业。

(3)进入施工现场必须戴好安全帽,系好帽带,并正确使用个人劳动防护用品。

(4)施工现场禁止穿拖鞋、高跟鞋、赤脚和易滑、带钉的鞋和赤膊操作;穿硬底鞋不得进行登高作业。

(5)凡2 m以上的高处作业,必须系好安全带(绳);安全带(绳)必须先挂牢后再作业。

(6)高处作业严禁高空抛物,材料和工具等物件不得上抛下掷。

(7)建筑材料和构件要堆放整齐稳妥,不要过高。

(8)危险区域要有明显标志,要采取防护措施,夜间要设红灯示警。

(9)施工现场的脚手架、防护设施、安全标志、警告牌、脚手架连接铅丝或连接件不得擅自拆除,需要拆除必须经过加固后经施工负责人同意。

(10)拆下的脚手架、钢模板、轧头或木模、支撑要及时整理,铁钉要及时拔除。

(11)砌墙斩砖要朝里斩,不准朝外斩。防止碎砖坠落伤人。

（12）工具用好后要随时装入工具袋。

（13）脚手板两端间要扎牢、防止空头板（竹脚手片应四点扎牢）。

（14）进入屋面等临边处、各种洞口处,要精力集中,防止高处坠落。

（15）注意过往车辆,防止车辆伤害。

（16）远离各种机械设备、电气线路,防止机械、电气伤害。

（17）处理险情、突发事故、故障时,要有专人指挥,紧张有序,临危不乱,防止事故扩大,同时尽快上报上一级主管部门。

（18）进行电气作业所使用的工具、劳保用品必须符合安全要求,电工要加强责任心,严格执行电气安全技术操作规程,加强日常巡检维护和定期检修工作,严防侥幸心理,防止误操作,不得走过场。

（19）现场用电,一定要有专人管理,同时设专用配电箱,严禁乱接乱拉,采取用电挂牌制度,尤其杜绝违章作业,防止人身、线路,设备事故的发生。

第四章　幕墙及吊顶日常维护

第一节　简　介

一、幕　墙

幕墙是建筑物的外墙围护，不承重，像幕布一样挂上去，故又称为悬挂墙，是现代大型和高层建筑常用的带有装饰效果的轻质墙体。幕墙按使用材料可分为玻璃幕墙、石材幕墙、金属幕墙、非金属幕墙。普速铁路车站房屋的幕墙使用较多的是玻璃幕墙和石材幕墙，一般用于外墙面装饰。

1. 玻璃幕墙

房屋的玻璃幕墙，属于建筑围护结构或装饰构件，通常由支承结构体系与面层玻璃组成，相对主体结构有一定的位移能力但不分担主体结构所承受的荷载。

房屋的玻璃幕墙根据支承结构体系可分为以下几种：

(1)明框玻璃幕墙

利用金属骨架作为支承结构，通过金属连接件和紧固件将面层玻璃牢固地固定在槽口内，钢结构骨架露出玻璃面。普速铁路车站房屋的玻璃幕墙大部分都采用这种做法，如图 4-1所示。

图 4-1　怀化站玻璃幕墙

(2)隐框玻璃幕墙

通过金属连接件及紧固件将面层玻璃固定在钢骨架支承结构的外表面上，钢骨架不外露。

（3）全玻璃结构式玻璃幕墙

通过连接件及紧固件将玻璃支承结构（玻璃肋）与面层玻璃连成整体，形成建筑围护结构。

（4）拉杆（索）结构式玻璃幕墙

采用不锈钢拉杆或用与玻璃分缝相对应拉索作为幕墙的支承结构，玻璃通过金属连接件或紧固件与其固定。

2. 石材幕墙

石材幕墙由面板、横梁、立柱组成。横梁连接在立柱上，立柱通过角码、螺栓连接在预埋件上，具有三向调整的能力。石材幕墙按连接形式可以分为四类：直接式、骨架式、背栓式、单元体法。因日常工作中使用干挂石材幕墙居多，此处重点介绍干挂石材幕墙。

干挂石材幕墙是建筑外墙装饰的一种施工工艺，该工艺是利用钢骨架及连接件，将饰面石材直接固定在建筑结构的表面上，石材与建筑结构墙面之间留出 60～80 mm 的空腔，石材与石材之间留出 6～10 mm 板缝，板缝用密封胶密封处理。饰面板材可分为花岗石、大理石、砂石、板石、人造石材等五大类，干挂石材幕墙的石材厚度不得小于 25 mm。

干挂石材幕墙由固定在墙体基面上的支承结构、挂件及石材面板组成。固定在墙体基面上的支承结构一般采用钢龙骨，挂件则采用铝合金及不锈钢。

干挂石材幕墙的结构主要是由石板材支承结构和石材面板组成，其结构形式主要有背栓式、小单元式、托板式。

（1）背栓式：石材背面打孔，然后注满干挂胶，塞入不锈钢栓固定，再通过挂件、转接件固定在幕墙支承结构龙骨上，龙骨之间、龙骨与转接件及挂件之间的连接均采用螺纹连接方式。

（2）小单元式：在石材板块上开槽注胶，以铝合金型材扣合在槽口上的形式，将石材与铝合金型材复合在一起，整体挂接到幕墙龙骨上，挂件与托件均采用铝合金型材，挂件系统与龙骨之间可实现三维调整，保证安装精度及立面平整度。

（3）托板式：石材安装采用在石材上开槽的方式，用不锈钢托板完成石材的定位，石材端面开槽可在地面加工完毕，托板与槽口间塞胶垫，并施环氧树脂胶，由于石材重量完全由托板承受，故选用不锈钢，提高其长时间的抗锈性能。

二、吊　顶

吊顶又称顶棚、天花板。吊顶具有保温、隔热、隔声和吸声的作用，也是电气、暖卫、通风空调、通信和防火、报警管线设备等工程的隐蔽层。普速铁路天桥底部的线路上方不应设置吊顶。

吊顶工程根据施工工艺不同，主要有暗龙骨吊顶和明龙骨吊顶两种。

1. 暗龙骨吊顶

基层和面层装饰设计档次要求较高，龙骨架安装好后，进行基层装修，下面固定纸面石膏板等面板，预留灯槽，然后进行面层装饰效果的处理。这种施工做法利用装饰面板把龙骨完全遮挡了起来，从外面看不到龙骨，所以称之为暗龙骨。暗龙骨吊顶一般用于大型工装工程，如图 4-2 所示。

2. 明龙骨吊顶

设计要求档次较低，一般直接是基层和面层合而为一，龙骨规格为 2 mm 的轻钢或实木材质都可以，吊筋随意，防火隔热保温性能也不要求那么高。这种施工做法没有把龙骨完全遮挡了起来，从外面可以看到龙骨，所以称之为明龙骨。明龙骨吊顶一般用于家装工程，如图 4-3 所示。

图 4-2　怀化车站贵宾室吊顶

图 4-3　某家装工程吊顶

第二节　幕墙及吊顶常见病害

一、玻璃幕墙

1. 玻璃幕墙常见病害

玻璃幕墙常见病害有玻璃爆裂、渗漏水、板块脱落等类型。玻璃幕墙玻璃爆裂如图 4-4 所示。

2. 玻璃幕墙玻璃爆裂原因分析

(1) 玻璃本身材质的问题

玻璃幕墙所使用的玻璃，特别是经过钢化的玻璃，强度是大大增加了，但是却在自身材质中混进了硫化镍杂质，在玻璃内部产生局部的应力集中，这时钢化玻璃易发生爆裂。

(2) 玻璃幕墙的施工质量

施工中是否按照设计图纸施工，是否按照规范要求施工，是决定玻璃幕墙质量的关键。玻璃幕墙相关规范规定了玻璃边缘槽口的尺寸，它的目的就是为了保证玻璃在温度变化和

图 4-4　怀化车站玻璃幕墙玻璃爆裂

其他因素影响下的自由伸缩，一旦出现阻碍玻璃的自由伸缩的因素，哪怕是直径很小的固体颗粒如钉子等，玻璃就会破裂；玻璃的槽口两侧和底部不能用硬性的材料填塞，这些材料的体积变化对玻璃产生挤压而使玻璃破裂；玻璃在平面外力作用下，如风荷载的影响下会产生

翘曲,如果嵌缝材料阻碍玻璃的翘曲变化也会使玻璃爆裂;玻璃幕墙中的层间,在施工设计时后衬板和单层玻璃的距离太少且两者中间的空气层没有留有通气孔,在太阳的直射下,中间的空气层温度急剧升高,玻璃受热过高且气体的膨胀而使玻璃炸裂。所以说,必须使用弹性材料填缝。

（3）风荷载等作用的影响

主体结构在风荷载等作用下,它必然要强制玻璃幕墙的框要和它保持同步的变位,如果玻璃幕墙的玻璃边缘与铝合金框间没有足够的间隙适应这种变位,将会挤碎玻璃。

（4）温度变化影响

玻璃在温度变化影响下会热胀冷缩,如果玻璃边缘与镶嵌槽底板间没有留有配合间隙,将产生挤压应力导致爆裂。

（5）加工切割工艺的影响

玻璃幕墙中的玻璃在加工切割时产生的微小裂口或加工工艺不当能造成玻璃爆裂。

二、石材幕墙

石材幕墙通常会出现石材倒挂、接缝、石材破损、脱落、腐蚀、棱角破损、嵌缝不密实平顺等病害。

1. 石材幕墙接缝不平、板面纹理不顺、色泽不协调

施工操作不认真,未在板块固定前对板面找好平整;或板块本身质量差,有翘曲、出现接缝高低不平;施工前未对板块严格认真挑选,进行预拼、排花、编号等工作;或虽经预排编号,施工时被搞乱,致使施工时未能对号入座。

2. 石材破损、脱落

工程交付使用后,因石材倒挂或结构受活载影响产生变形较大,或因整幅墙面由多种膨胀系数相差甚大之材料组成,在温差及潮湿干燥等条件影响下,变形不能相互适应,引起饰面开裂,日久以后发展为起鼓并脱落;板块缝隙不严实,侵蚀气体和潮湿透入板背,使扣件遭受锈蚀,体积膨胀引起开裂,脱落;或因螺栓松动产生位移,或连接扣件强度不够产生挠度,或销栓过短,板孔边缘破裂,在风压下螺栓作用失效等原因,使花岗岩板面层开裂位移脱落。石材破损、脱落如图 4-5所示。

图 4-5　某石材幕墙破损、脱落

3. 板材受腐蚀、失去光泽

板材选购不当,板材质杂不纯,碳酸钙含量高,易受腐蚀;建筑物附近环境污染较重;施工过程中溅落砂浆未及时清除干净。

用于室外饰面工程,一定要选用质纯,杂质少的品种;缝隙必须密实饱满;突出的饰面部分应有正确的流水坡、滴水线（槽）,应避免墙面有积水、排水不畅现象;千方百计不让水气和

有害气体侵入板缝内;施工过程中对花岗岩认真保护,溅落在其表面的水泥浆等脏物及时擦洗干净。

4.棱角破损、表面污染

在产品出厂前或运输装卸过程中维护不当,使板材棱角受破损,表面受污染;在施工过程中缺乏保护措施,如穿孔开槽时未有木支架撑牢,下口未用软垫垫好;在运输过程中随意碰撞等。

三、吊顶工程病害原因分析

吊顶的常见病害有吊顶塌落、起伏不平、裂缝。吊顶塌落,如图 4-6 所示。

1.吊顶塌落

造成吊顶塌落的主要原因有:

(1)吊杆与楼板固定采用了"朝天钉"方式。用木榫打入楼板(混凝土楼板),用铁钉或螺丝朝天钉入木榫;有的用气钉朝天固定木质材料,以此固定吊杆;或者用射钉朝天打入混凝土楼板,以此固定吊杆的上吊点;或者用朝天钉的铁钉固定主次龙骨或木吊杆。

(2)吊顶不用吊杆吊,而是将吊顶的龙骨直接用针固定在四周墙上或梁的侧面,以此固定吊顶。

图 4-6　湘潭站出站地道吊顶塌落

(3)吊杆超荷载。吊顶的吊杆未按国家标准进行施工稀少或太细,吊顶重量超过吊杆所能承受的力。

(4)木吊杆劈裂或汽针太短、太少。在吊顶施工过程中,施工发现木吊杆劈裂未做处理,或因设备和辅料问题出现汽针太短、间距太大等现象也是吊顶塌落的原因。

以上四种情况,吊顶不至于马上会塌落,但过了一段时间后,由于朝天钉靠钉子钉入楼板的摩擦力承受吊顶重量;撑吊顶仅靠四周固定,龙骨中间无吊杆,龙骨下挠;吊杆稀少;木吊杆劈裂或钉子钉入长度不足、太细等;时间长了或吊顶受到震动时,就会造成吊顶塌落事故。

2.吊顶起伏不平

吊顶稍不注意就会出现波浪形、中间下沉或吊顶不平整。造成吊顶起伏不平的主要原因有:

(1)在吊顶前四周未准确弹出水平基准线,或未按水平基准线做。

(2)吊顶中间部位的吊杆未往上调整,不仅未起拱,反而因中间吊杆承受吊顶中间荷载大而下沉。

(3)吊杆间距大或龙骨悬挑距离过大,龙骨受力后产生的挠度引起吊顶起伏不平。

(4)木质吊杆劈裂未起作用。

(5)吊杆未仔细调整,局部吊杆受力不匀,甚至未受力。

(6)木质龙骨变形,轻钢龙骨弯曲未调整。

（7）暗架吊顶罩面板接缝部位批嵌较厚造成接缝突出，形成吊顶起伏。

（8）罩面板吸潮后变形。

3. 裂缝

吊顶施工完毕后不久，有的吊顶就会出现裂缝，特别是在罩面板接缝部位比较普遍，究其原因可归纳为三种情况：

（1）罩面板破损未剔除。

（2）罩面板干燥后收缩。

（3）板缝处理不符要求。

第三节　验收注意事项

一、玻璃幕墙

（1）高度超过 4 m 的全玻璃幕墙应按照规范吊挂在主体结构上，吊夹具应符合设计要求，玻璃与玻璃肋之间的缝隙，应采用硅酮结构密封胶填嵌严密。

（2）玻璃幕墙四周、玻璃幕墙内表面与主体结构之间的连接节点、各种变形缝、墙角的连接节点应符合设计要求和技术标准的规定。

（3）结构胶和密封胶的打注应饱满、密实、连续、均匀、无气泡，宽度和厚度符合设计要求和技术标准的规定。

（4）开启窗的配件应齐全，安装应牢固，安装位置和开启方向、角度应正确；开启应灵活，关闭应严密。

（5）玻璃幕墙使用的玻璃应符合下列规定：

①幕墙应使用安全玻璃，玻璃的品种、规格、颜色、光学性能及安装方向应符合设计要求。

②幕墙玻璃的厚度不应小于 6.0 mm。全玻璃幕墙肋玻璃的厚度不应小于 12 mm。

③幕墙的中空玻璃应采用双道密封。明框幕墙的中空玻璃应采用聚硫密封胶及丁基密封胶；隐框幕墙的中空玻璃应采用硅酮结构密封胶及丁基密封胶；镀膜面应在中空玻璃的第 2 或第 3 面上。

④幕墙的夹层玻璃应采用聚乙烯醇缩丁醛(PVB)胶片干法加工合成的夹层玻璃。点支承玻璃幕墙夹层玻璃的夹层胶片(PVB)厚度不应小于 0.76 mm。

⑤钢化玻璃表面不得有损伤；8.0 mm 以下的钢化玻璃应进行引爆处理。

⑥所有幕墙玻璃均应进行边缘处理。

（6）明框玻璃幕墙的玻璃安装应符合下列规定：

①玻璃槽口与玻璃的配合尺寸应符合设计要求和技术标准的规定。

②玻璃与构件不得直接接触，玻璃四周与构件凹槽底部应保持一定的空隙，每块玻璃下部应至少放置两块宽度与槽口宽度相同、长度不小于 100 mm 的弹性定位垫块；玻璃两边嵌入量应符合设计要求。

③玻璃四周橡胶条的材质、型号应符合设计要求，镶嵌应平整，橡胶条长度应比边框内槽长 1.5%～2%，橡胶条在转角处应斜面断开，并应用粘结剂粘结牢固后嵌入槽内。

二、石材幕墙

(1)按设计图纸及国家规范要求施工,施工所用各种材料的规格和性能符合设计图纸及国家规范要求。

(2)石材幕墙的造型、立面分格、颜色、光泽、花纹和图案应符合设计要求。石材孔、槽的数量、深度、位置、尺寸应符合设计要求。

(3)石材幕墙表面应平整、洁净,无污染、缺损和裂痕。颜色和花纹应协调一致,无明显色差,无明显修痕。

(4)石材幕墙的板缝注胶应饱满、密实、连续、均匀、无气泡,板缝宽度和厚度应符合设计要求和技术标准的规定。

(5)石材幕墙的压条应平直、洁净、接口严密、安装牢固。

(6)石材接缝应横平竖直、宽窄均匀;阴阳角石板压向应正确,板边合缝应顺直;凹凸线出墙厚度应一致,上下口应平直;石材面板上洞口、槽边应套割吻合,边缘应整齐。

(7)石材幕墙上的滴水线、流水坡向应正确、顺直。

三、吊顶工程

(1)按设计图纸及国家规范要求施工,施工所用各种材料的规格和配置符合设计图纸及国家规范要求。

(2)吊顶标高尺寸、起拱和造型应符合设计要求。

(3)饰面材料表面应洁净、色泽一致,不得有翘曲、裂缝及缺损,压条应平直、宽窄一致。

(4)饰面板上的灯具烟感器、喷淋头、风口篦子等设备的位置应合理美观,与饰面板的交接应吻合严密。

(5)吊顶内填充吸声材料的品种和铺设厚度应符合设计要求,并应有防散落措施。

(6)木吊杆、木龙骨应顺直,无劈裂变形,木吊杆、木龙骨和木饰面板必须进行防火处理并应符合有关设计防火规范的规定。

(7)预埋件、钢筋吊杆和型钢吊杆应进行防锈处理。

(8)吊杆距主龙骨端部距离不得大于 300 mm,当大于 300 mm 时应增加吊杆,当吊杆长度大于 1.5 m 时应设置反支撑,当吊杆与设备相遇时应调整并增设吊杆。

(9)重型灯具、电扇及其他重型设备严禁安装在吊顶工程的龙骨上。

四、检验批的划分规定

(1)相同设计、材料、工艺和施工条件的幕墙工程每 500~1 000 m² 应划分为一个检验批,不足 500 m² 也应划分为一个检验批。同一单位工程的不连续的幕墙工程应单独划分检验批。每个检验批每 100 m² 应至少抽查一处,每处不得小于 10 m²。

(2)同一品种的吊顶工程每 50 间(大面积房间和走廊按吊顶面积 30 m² 为一间)应划分为一个检验批,不足 50 间也应划分为一个检验批。每个检验批应至少抽查 10%,并不得少于 3 间;不足 3 间时应全数检查。

第四节　维护与保养

一、玻璃幕墙日常维护与保养

(1)玻璃幕墙工程所使用的金属构件(铝合金型材、钢型材等)、玻璃面板和硅酮结构胶、硅酮密封胶等密封材料及五金附件的品种、规格、尺寸、性能应符合设计要求及国家现行产品标准。

(2)构件式玻璃幕墙的造型和立面分格应符合设计要求。

(3)幕墙应使用安全玻璃,玻璃的品种、规格、颜色、光学性能及安装方向应符合设计要求。

(4)幕墙的单片玻璃、中空玻璃的每片玻璃厚度不宜小于 6 mm。夹层玻璃的单片玻璃厚度不宜小于 5 mm,夹层玻璃与中空玻璃的两片玻璃厚度差不应大于 3 mm。

(5)幕墙的夹层玻璃应采用聚乙烯醇缩丁醛(PVB)胶片干法加工合成的夹层玻璃。

(6)幕墙用钢化玻璃应经过热浸处理,防止玻璃自爆。钢化玻璃表面不得有损伤。

(7)幕墙玻璃边缘应进行磨边和倒角处理。

(8)玻璃幕墙的附件应齐全并符合设计要求,幕墙和主体结构的连接应牢固可靠。附件的数量、规格、位置、连接方法和防腐处理应符合设计要求。

(9)各种连接件、紧固件的螺栓应有防松动措施,焊接连接应符合设计要求和焊接规范的规定。

(10)玻璃幕墙应无渗漏。

(11)玻璃幕墙结构胶和密封胶应打注饱满、密实、连续、均匀、无气泡,宽度和厚度应符合设计要求。

(12)玻璃幕墙开启窗应符合设计要求,安装牢固可靠,启闭灵活,关闭应严密。开启窗的配件应齐全,安装应牢固,安装位置和开启方向、角度应正确。

(13)玻璃幕墙的防雷装置应与主体结构的防雷装置可靠连接。

(14)玻璃幕墙表面应平整,不应有明显的映像畸变,外露表面不应有明显擦伤、腐蚀、污染、斑痕。

(15)玻璃幕墙的外露框、压条、装饰构件、嵌条、遮阳板等应平整、美观。

(16)幕墙面板接缝应横平竖直,大小均匀,目视无明显弯曲扭斜。

(17)构件式玻璃幕墙的胶缝光滑顺直,胶缝外应无胶渍。

二、石材幕墙日常维护与保养

(1)石材幕墙所用金属构件(铝合金型材、钢型材等)、五金件和五金附件、粘接固定材料、密封材料和石材面板的品种、规格、尺寸、性能和等级应符合设计要求及国家现行产品标准。

(2)石材幕墙金属挂件与石材间粘接固定材料宜选用环氧型胶粘剂,不应使用不饱和聚酯类胶粘剂。

(3)石材幕墙的造型、立面分格、颜色、光泽、花纹和图案应符合设计要求。

(4)石材孔、槽的数量、深度、位置、尺寸应符合设计要求。

(5)石材幕墙主体结构上的预埋件和后置件的位置、数量及后置件的拉拔力应符合设计要求。

(6)石材幕墙的金属框架立柱与主体结构预埋件的连接、立柱与横梁的连接、连接件与金属框架的连接、连接件与石材面板的连接应符合设计要求,安装应牢固。

(7)金属框架和连接件的防腐处理应符合设计要求。

(8)石材幕墙的防雷装置应与主体结构防雷装置可靠连接。

(9)石材幕墙的防火、保温、防潮材料的设置应符合设计要求,填充应密实、均匀、厚度一致。

(10)石材表面和板缝的处理应符合设计要求。

(11)石材幕墙的板缝注胶应饱满、密实、连续、均匀、无气泡,板缝宽度和厚度应符合设计要求和技术标准的规定。

(12)维修后石材幕墙应无渗漏。

(13)石材幕墙的压条应平直、洁净、接口严密、安装牢固。

(14)石材幕墙的密封胶缝应横平竖直、深浅一致、宽窄均匀、光滑顺直。

(15)石材幕墙上的滴水线、流水坡向应正确、顺直。

三、吊顶工程日常维护与保养

1. 吊顶基层

(1)吊顶所用吊杆、龙骨、连接件和防护剂(防腐、防虫、阻燃剂)等的品种、规格、尺寸、性能应符合设计要求。

(2)吊顶工程的木龙骨、木吊杆的防腐、防虫、防火等防护处理应符合设计要求。

(3)吊顶工程的预埋件、钢筋吊杆和型钢吊杆的防腐、防火等防护处理应符合设计要求。

(4)吊杆、龙骨、连接件应安装牢固,安装间距及连接方式应符合设计要求和产品的组装要求。吊杆距主龙骨端部距离不得大于 300 mm。

(5)自重大于等于 3 kg 的吊灯、电风扇和排风扇等有动荷载的设备及其他重型设备应由独立吊杆固定,严禁安装在吊顶工程的龙骨上。

2. 金属板吊顶

(1)金属板的品种、规格、图案、颜色、性能和吊顶内功能性填充材料应符合设计要求和国家现行产品标准的规定。修复的金属板应无明显修痕。

(2)金属板安装应牢固。室外吊顶应设置防风装置。

(3)面板开口处套割尺寸应准确,边缘应整齐,不得露缝;修复的板条、块排列应顺直、方正。

(4)金属板面应表面平整,接缝严密,板缝顺直、宽窄一致,无错台错位现象。阴阳角方正,边角压向正确,割角拼缝严密、吻合、平整,装饰线流畅美观。

(5)金属板表面应洁净、美观,色泽符合设计要求,无翘曲、凹坑和划痕。修复部位应与原饰面式样一致。

3. 纸面石膏板吊顶

(1)纸面石膏板的品种、规格、性能等应符合设计要求。

（2）吊顶的标高、起拱高度、造型尺寸应符合设计要求。修复部位应与原装饰面协调。

（3）纸面石膏板安装应牢固，不得有开裂或松动变形。

（4）纸面石膏板的接缝应进行板缝防裂处理。双层板的面层与基层板的接缝应错开，不得在同一根龙骨上接缝。

（5）纸面石膏板应表面洁净，无污染，无锈迹、麻点、锤印。自攻钉排列均匀，无外露钉帽，钉帽应做防锈处理，无开裂现象。

（6）平吊顶表面应平整，曲面吊顶表面应顺畅、无死弯，阴阳角方正；压条应顺直、宽窄应一致、无翘曲，接缝、接口严密，无错台、错位现象；装饰线流畅美观。

（7）预留洞口应裁口整齐，护（收）口严密、美观，盖板与洞口吻合、表面平整。同一房间吊顶面板上的预留洞口应排列整齐、美观。

第五节　安全注意事项

施工过程中施工安全重点注意做好防高空坠落、防落物伤人、脚手架安全、吊篮安全四个方面的工作。

一、幕墙施工安全事项

（1）脚手架上施工必须系挂安全带（绳），且高挂低用。

（2）脚手架上型材、面材等不得堆放，应散放放平，工完料清，避免局部荷载超限。

（3）龙骨焊接必须设置专用接火斗，必要时脚手架上铺设岩棉、防火棉，避免竹笆、绿网等材料引燃。

（4）注意安全平网拉设，防止高空坠物。

（5）严禁交叉作业。

（6）严禁脚手架上加工物料。

（7）脚手架拉结点妨碍施工必须申请后由脚手架负责单位调整，严禁私自拆改。

二、吊篮施工安全事项

（1）吊篮租赁单位必须具有专业资质，吊篮架设需编制专项方案，不得使用非标吊篮。

（2）进场后必须由专业厂家持证人员组装架设，架设完成后经有关单位检测合格颁发合格证后，方许使用。

（3）吊篮安全锁必须经过检测，并在有效期内。

（4）吊篮配备专用电箱，严禁混用。

（5）吊篮操作人员必须持有吊篮操作证，严禁单人操作吊篮。

（6）吊篮严禁超载，严禁作为垂直运输工具使用。

（7）吊篮下方坠落半径内必须设置安全警戒区域。

（8）必须配备安全生命绳与自锁器，吊篮施工必须保证安全带（绳）悬挂状态。

三、吊顶施工安全事项

（1）顶棚高度超过 3 m 时，应设满堂脚手架，跳板下应设置安全网。

（2）登高 2 m 以上作业时必须系安全带（绳），且系挂牢固，高挂低用。

（3）使用高梯子时其高度不得超过 2 m，角度为 60°～70°，两腿之间应钢丝绳拉接。

（4）吊顶的主、副龙骨与结构面必须连接牢固，防止吊顶脱落伤人。

（5）施工用的临时马道应架设或吊挂在结构受力构件上，严禁以吊顶龙骨作支撑点。

（6）进入施工现场必须戴好安全帽，临边作业必须系好安全带（绳）。

（7）多工种交叉作业时，应注意上下工序的配合，不得往外扔掷材料和工具等物件，以免伤人。

（8）电动、电焊等设备工具在使用时应由专人保管，并应按照电气安全操作规程进行操作。

第五章　给排水系统日常维护

第一节　简　　介

　　铁路房屋建筑物的给排水系统的正常运转,是保障铁路正常生产、生活的重要基础条件。房屋内的给排水系统由房建单位进行日常的管理和维护工作,确保给排水设备设施处于良好的运行状态。

　　给排水系统日常维护工作有巡检、维护及保养。

　　巡检是定期对给排水设备设施巡视、检查,了解设备使用状态,及时发现设备病害。

　　维修是对损坏或状态不良的设备进行维护或更换,使设备恢复正常使用功能。

　　保养是为了延长设备使用寿命,保持设备的正常使用状态而做的维护工作,如管道刷漆防腐、化粪池清掏等。

第二节　给排水系统常见病害

一、排水管道堵塞

　　1. 头发造成排水管道堵塞

　　浴室、宿舍的排水管道经过一段时间使用后,平时洗澡的毛发会挂在管壁,积累多了就会造成堵塞。头发一般会造成洗手间地漏堵塞、洗脸盆堵塞、浴缸堵塞、淋浴房堵塞。

　　2. 硬物堵塞下水道

　　一般是在存水弯处堵塞,主要是体积较大的硬物堵塞在小便器、大便器等的排水口、存水弯和排水支管中。

　　3. 装修造成下水道堵塞

　　这种排水管道堵塞一般是由水泥块、瓷砖碎片、泥沙、涂料、编织袋等造成的。

　　4. 油垢堵塞

　　油垢堵塞排水管道一般出现在厨房,这种堵塞的原因是油脂在管道内壁结垢,造成排水管道堵塞。

　　5. 管道塌方、管道错位

　　这种堵塞情况一般出现在底层及室外排水管道。原因是埋地管道下方的垫层泥土没有夯实,经过长时间雨水浸入,垫土层下沉,造成管道塌方、错位。

二、卫生器具堵塞

　　杂物堵塞在小便器、大便器等的排水口、存水弯和排水支管中,造成卫生器具堵塞。常见的是存水弯处堵塞。

第三节 给排水系统验收、维护与保养

一、验收注意事项

(1)室内给水管网必须进行水压试验,试验压力为工作压力的 1.5 倍,但不得小于 0.6 MPa。管材为钢管、铸铁管时,试验压力下 10 min 内压力降不应大于 0.05 MPa,然后降至工作压力进行检查,压力应保持不变,不渗不漏;管材为塑料管时,试验压力下,稳压 1 h 压力降不大于 0.05 MPa,然后降至工作压力进行检查,压力应保持不变,不渗不漏。

(2)隐蔽或埋地的排水管道在隐蔽前必须做灌水试验,其灌水高度应不低于底层卫生器具的上边缘或底层地面高度。满水 15 min 水面下降后,再灌满观察 5 min,液面不降,管道及接口无渗漏为合格。

(3)室外排水管道回填埋设前必须做灌水试验和通水试验,排水应畅通,无堵塞,管接口无渗漏。按排水检查井分段试验,试验水头应以试验段上游管顶加 1 m,时间不少于 30 min,逐段观察,液面不降,管道及接口无渗漏为合格。

(4)室内排水立管或干管在安装结束后,需用直径不小于管径 2/3 的橡胶球、铁球或木球进行管道通球试验。干管进行通球试验时,从干管起始端投入塑料小球,并向干管内通水,在户外的第一个检查井处观察,发现小球流出为合格。

(5)新建房屋的污水排入城市排水管网及附属设施时,必须取得所在地城市排水主管部门颁发的排水许可证。新建房屋的污水排入农村用地时,必须与所在地村委签订排水协议。

(6)新建、改建(扩建)车站的生活生产排水管与商业厨房排水管应分别设置。

(7)化粪池宜设置在接户管的下游端,便于机动车清掏的位置,接户管与化粪池之间的污水管道不宜过长,坡度应有利于排水。车站卫生间排水管的管径应能满足规范与旅客的使用要求。

二、维护与保养

(一)给水管道的维护

1. 钢管的维护

(1)螺纹连接处渗漏

若只是丝扣不严,则可加麻丝或水胶带重新上紧。若给水管道配件开裂或锈烂,应更换;对于连接处腐蚀较轻的管段只需重新缠些麻丝或水胶带就可堵漏;对于连接处腐蚀较重的管段或丝牙烂牙过多,则应换上新的管段。

(2)活接头的渗漏

活接头与接头螺母漏水,一般重新紧一紧就可止漏。如不见效果就要把旧垫刮净,换上新垫后拧紧活接头。

(3)法兰盘渗漏

法兰盘一般都是由于螺栓拧得不紧产生漏水,一般拧紧螺栓即可;若法兰盘间未加垫片,应补加垫片;若法兰盘间垫片摆放不正,则应使垫片与法兰盘同心摆放;若垫片与法兰盘间有粘结物,接触不好,则应清理它们的表面;若垫片老化不起作用,则应卸开法兰盘重新换垫片。

（4）管道砂眼、锈蚀

有砂眼时采用哈夫夹（螺栓管箍、管套、管卡）堵漏法,如图 5-1 所示,即用铅楔或木楔打入洞眼内,然后垫以 2～3 mm 厚的橡皮布,最后用尺寸合适的哈夫夹卡于相应的管道上,并用螺栓拧紧即可堵住泄漏。对于锈蚀严重的管段则需要进行更换。地下水管的更换有时需锯断管子的一头或两头,再截取长度合适的管径与长度,用活接头予以重新连接。

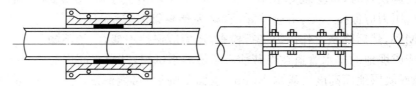

图 5-1　哈夫夹

（5）管身破裂

对于管身破裂的钢管一般采用重新换管的办法修复。小管道可采用活接头连接;大管道可两端焊上法兰盘连接或焊接连接。钢管上的较小裂缝或较大的孔洞可用电（气）焊焊补,有挖补焊和贴焊,小孔直接焊补;或用焊接钢套管浇筑接口,或采用哈夫夹卡紧裂纹处进行修复。

（6）阀门接头渗漏

关闭自来水总阀,查找原因。如因与钢管螺纹连接的阀门接头未扭紧而漏水,应拆下阀门接头,在外丝处旋上几道麻丝或水胶带,再把阀门接头装上扭紧;如因破损配件而漏水应及时更换阀门或接头。

2. UPVC、PVC、PP-R 管道的维护

一段管道损坏需要更换时,可采用双承活接管配件进行更换。将损坏管段切断更换新管时,应注意将插入管段削角形成坡口,而且在原有管段和替换管道的插入管端标刻插入长度标线。与塑料管粘接或热熔连接的阀门接头漏水,则需锯断阀门两端接头,取下报废的阀门,更换新的阀门。若出现管道穿小孔或接头渗漏情况,则可以采用套补粘接法、玻璃钢法进行维修。

（1）套补粘接法

选用同口径管材长度约 20 cm,将其纵向剖开,按粘接法进行施工,将剖开套管内面和被补修管外表打毛,清除毛絮后涂上胶粘剂,然后紧套在漏水点,用钢丝绑扎固定在管道上,待胶水固化后即可使用。

（2）玻璃钢法

用环氧树脂加一些固化剂配制成树脂溶液,以玻璃纤维布浸润树脂溶液后便缠绕管道或接头漏水点,使之固化后成为玻璃钢即可止水。

（二）排水管道的维护

排水系统主要出现的问题是排水管道的损坏漏水和堵塞。排水管道损坏漏水的修理方法同给水管道的修理方法。室内排水管道发生堵塞,应先查明堵塞部位,方可采取清通措施,进行检查。

1. 排出管及排水干管堵塞

排出管及排水干管堵塞,表现为底层的卫生器具排水不畅,严重时在底层地漏、便器等处溢出污水、污物。疏通时,可从室外检查井向室内清通,或从一层立管检查口、地面清扫口或地漏处向室外检查井清通。较细管道用带钩的钢丝来回推拉清通,或用胶皮管疏通,把胶皮管的一端与给水管接通,另一端插入排水管道,打开给水阀门,在管道中来回推拉,利用高压水流冲刷堵塞物来清通;较粗管道一般采用竹劈插入管内,来回推拉。另外,排出管相连的室外检查井内有时水位偏高(高于出户管管底标高),造成沉溺出流,对排水通气极不利,造成卫生器具鸣叫,倒流冒水,甚至堵塞等现象,这时除了疏通排水管,还要清理检查井。

2. 排水立管堵塞

堵塞处上部管道的污水无法向下排放,上面污水继续排放则水位上升,就会从堵塞处上部的最低排水器具里溢出。判断堵塞部位的方法是:若某层楼污水可照常排出,而该楼层以上各层污水均无法排放,且会从该楼层的上一层排水器具中溢出,就可判定堵塞处在该楼层与上一楼层间的立管中。

可采取如下措施:

堵塞处靠近检查口时,可打开检查口进行疏通。堵塞处靠近屋面时,可在屋面上将该立管对应的通气帽打开进行疏通。堵塞物位于立管的三通或弯头处时,可打开与这类配件相应的排水管上的清扫口进行疏通,也可在三通或弯头处剔出一个小洞,用钢丝或排水疏通机进行疏通,修好后用小木塞封闭,在讲究外观的场合,宜用手电钻钻孔,处理后在钻孔处攻丝,并配以螺钉封闭。

3. 排水横管堵塞

室内排水横管因坡度较小,水流较慢,对污物的冲力不大,管底有沉积物,随使用时间的延长,沉积物逐渐增厚,使管腔变小而形成堵塞。堵塞轻时,排水不畅,堵塞严重时,可发现卫生器具内的水积存而不往下流,有的甚至从地面或卫生器具向上返水。排水横管堵塞主要有以下两种情况:

(1)横管中部堵塞

此种堵塞只影响堵塞处上游各卫生器具的使用,而不影响其下游和其他楼层的使用。堵塞物所处位置的判断比较容易,它处在一个能排水和邻近一个不能排水的两个卫生器具之间的管段中。疏通时,将排水横管上的清扫口或地漏口打开,插进竹劈或钢丝进行清通,疏通后再封好清扫口。

(2)横管末端堵塞

横管末端是指排水横管与排水立管的交汇处。此处发生堵塞,会致使排水横管上所连接的全部器具不排水。疏通的方法与疏通横管中部堵塞的方法相同。对于底层埋地的排水横管出现堵塞时,疏通方法同排出管。

(三)卫生器具堵塞维护

在排水口可见到堵塞物时,可采用铁钩、夹子等工具将堵塞物取出;见不到堵塞物的情况下,可采用疏通机(如图5-2、图5-3所示)将堵塞物取出,或用气压疏通器(如图5-4所示)将堵塞物排到更大管径的排水干管中。

图 5-2　手动疏通机

图 5-3　电动疏通机

图 5-4　气压疏通器

(四)用水设备的维护

1. 水龙头漏水

若是水龙头未上紧而漏水,应先拆下水龙头,在外丝上旋上几道麻丝或水胶带,再把水龙头装上扭紧;如是内芯断裂应更换内芯;如是水龙头自身有泥沙而漏水,应更换水龙头。检修完毕后,打开总阀门,反复开关水龙头,开关自如不漏水即可。

2. 冲水延时阀关不住水或出水不停

公共卫生间使用的小便器、大便器冲水阀大多是节水型的延时阀。阀门延时的控制方式有红外感应式、按钮式、脚踏式等,常用的是按钮式及脚踏式冲洗延时阀。冲水延时阀的常见故障有关不住水、出水不停等问题。手按式冲水延时阀结构如图 5-5 所示。

(1)冲水延时阀不出水

阀芯上胶圈与阀体密封不严,管道水压与阀体上水腔形成水短路,压迫阀芯不能上移。维修方法是更换阀芯上密封胶圈。

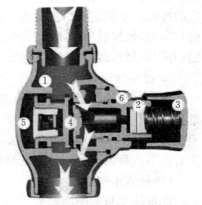
图 5-5　手按式冲水延时阀结构图
1—主体;2—时间调节六角;3—开关;
4—阀芯;5—压力腔;6—定位座

(2)冲水延时阀出水不停

阀芯上 $\phi 1\ mm$ 的加压小孔被泥沙堵塞影响阀芯不能自闭。维修方法清理小孔的堵塞物。阀芯上胶圈变质,使得阀芯与阀体之间没有紧密结合,水不能通过增压小孔增压,阀芯不能下移封堵出水口。维修方法是换阀芯上胶圈。

3. 冲洗水箱漏水

坐便器冲洗水箱及高位冲洗水箱的原理相同,如图 5-6 所示,按下手柄时起动杆拉动钢绳将球塞拉起,使水箱内积蓄的水排出。常见故障是水箱阀座不断漏水。

冲洗水箱不断漏水原因是球塞与冲水阀阀座不能完全闭合,使水箱的水不断流出。打开水箱盖子,检查并分析是配件变形或松脱,还是有异物的原因引起。如是异物使球塞不能完全闭合,清理异物即可;如球塞、阀座或其他配件变形,需要维修或更换变形配件;如是配件松脱原因,需要重新固定松脱配件。

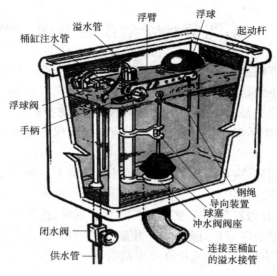

图 5-6　冲洗水箱结构图

(五)保养

给排水系统的维护保养是为了延长设备的使用寿命,确保设备设施的使用性能,为此,应该按设备设施的特性进行定期的检查及维护保养。

1. 排水系统保养

(1)定期检查、维护排水管道,铸铁管应每隔两年涂刷防腐油漆一次,以延长管道使用寿命,防止管道因腐蚀而产生渗、漏污水的现象。

(2)厕所、盥洗室、厨房等处是卫生器具和管道比较集中的地方,应作重点检查,随时注意有无异常现象,消除致漏和堵塞隐患,并可定期采用通压力水的胶皮管对存水弯进行简单的疏通。

(3)雨季前检查屋面及雨棚顶,清除淤泥和杂物,疏通排水口及管道。

(4)化粪池定期清掏粪渣,大型客运车站应根据实际使用情况,定期清掏,春运时要安排重点清理,保证春运期间正常使用。

(5)隔油池每周清理上浮油脂,并定期疏通管道。

2. 给水系统保养

(1)检查给水管道、阀门及水龙头(包括地上、地下、屋顶等)的使用情况,经常注意地下有无漏水、渗水、积水等异常情况,如发现有漏水现象应及时进行维修。

(2)露天给水管道因日晒雨淋会出现防腐层、保温材料脱落的现象,应随时注意维护和修理,以延长管道的使用寿命。如管道漆皮脱落,尚未生锈,可及时刷漆防腐;若已生锈,应先除锈后刷漆。

(3)阀门应每年进行一次启闭试验及维护,注入黄油,更换填料,涂刷防锈油漆。发现阀门拧不动、不通水或关不严时,应及时维修。

(4)定期对水池、水箱管路进行清洗、保洁、消毒,防止二次供水的污染。

第四节　安全注意事项

(1)维修作业必须严格遵守各项安全规章制度。维修作业涉及营业线或有限空间作业时,需按相关规定办理手续,并做好设备与作业人员的各项防护措施。

(2)维修作业人员应佩戴安全防护用品,并做好个人防护措施。高度大于 2 m 的作业面,且无防护设施的,必须系安全带(绳),并与作业面边缘保持足够的安全距离,防止踏空、滑倒、失稳等意外。

(3)做好作业现场隔离,应有防止闲人进入的围栏,属于危险作业的地带应加上明显的标志,必要时派专人看管。

(4)化粪池、检查井井盖打开后作业人员不能离开现场,按照"先通风、再检测、后作业"的有限空间作业标准,清洁完毕后,随手盖好井盖,以防行人掉入井内发生意外。清理化粪池、检查井时,严格按照有限空间作业标准先审批后作业。

第六章　电照系统日常维护

第一节　简　　介

照明电路是电力系统中的重要负荷之一,它的供电方式有三相四线制供电和单相供电两种。照明电路中所接的负荷为交流额定电压 220 V、工作频率 50 Hz 的单相用电设备和交流额定电压为 380 V、工作频率 50 Hz 的空调设备及其他设备等。铁路客站的候车室、售票厅、站台等大空间选用金属卤化物灯(简称金卤灯)或高压汞灯,一般场所则选用 T5 高光效荧光灯或 T8 三基色荧光灯配电子镇流器、紧凑型节能灯为主。近年来,高效、节能的 LED 灯正逐步安装在各场所。

照明电路中的用电设备要选型、安装、使用、管理及定期检查,若检修不善,一旦发生事故,将给工作、生产及旅客的出行带来严重的影响和重大的损失。近年来,全国的照明设备因故障而发生的电气火灾,造成的损失和影响就足以说明电路安全用电的重要性。因此,加强照明电路用电设备的安全用电管理、教育,定期对用电设备、线路进行检查、检修是非常必要的,是杜绝发生电气设备事故、电气火灾和人身触电事故的主要措施。

照明电路是由引入电源线连通电度表、总开关、导线、分路出线开关、支路、用电设备等组成的回路。每个组成元件在运行中都可能发生故障,发生故障时应逐步依次从每个组成部分开始检查。一般顺序是从电源开始检查,顺着电流走向一直到用电设备。

第二节　电照系统常见病害

一、照明电路的常见故障

照明电路的常见故障主要有断路、短路和漏电三种。

1. 断路

(1)相线、零线均可能出现断路。断路故障发生后,负载将不能正常工作。三相四线制供电线路负载不平衡时,如零线断线会造成三相电压不平衡,负载大的一相相电压低,负载小的一相相电压增高,如负载是白炽灯,则会出现一相灯光暗淡,而接在另一相上的灯又变得很亮,同时零线断路负载侧将出现对地电压。

(2)产生断路的原因主要是熔丝熔断、线头松脱、断线、开关没有接通、铝线接头腐蚀等。

(3)断路故障的检查。如果一个灯泡不亮而其他灯泡都亮,应首先检查是否灯丝烧断;若灯丝未断,则应检查开关和灯头是否接触不良、有无断线等。为了尽快查出故障点,可用验电器测灯座(灯头)的两极是否有电,若两极都不亮说明相线断路;若两极都亮(带灯泡测试),说明零线(中性线)断路;若一极亮一极不亮,说明灯丝未接通。对于日光灯来说,应对启辉器进行检查。如果几盏电灯都不亮,应首先检查总保险是否熔断或总闸是否接通,也可按上述方法及验电器判断故障。

2. 短路

短路故障表现为熔断器熔丝爆断;短路点处有明显烧痕、绝缘碳化,严重的会使导线绝缘层烧焦甚至引起火灾。当发现短路打火或熔丝熔断时应先查出发生短路的原因,找出短路故障点,处理后更换保险丝,恢复送电。造成短路的原因:

(1)用电器具接线不好,以致接头碰在一起。

(2)灯座或开关进水,螺口灯头内部松动或灯座顶芯歪斜碰及螺口,造成内部短路。

(3)导线绝缘层损坏或老化,并在零线和相线的绝缘处碰线。

3. 漏电

(1)产生漏电的原因主要有相线绝缘损坏而接地、用电设备内部绝缘损坏使外壳带电等。

(2)漏电故障的检查。漏电保护装置一般采用漏电保护器。当漏电电流超过整定电流值时,漏电保护器动作切断电路。若发现漏电保护器动作,则应查出漏电接地点并进行绝缘处理后再通电。照明线路的接地点多发生在穿墙部位和靠近墙壁或天花板等部位。查找接地点时,应注意查找这些部位。

①判断是否漏电。在被检查建筑物的总开关上接一只电流表,接通全部电灯开关,取下所有灯泡,进行仔细观察。若电流表指针摇动,则说明漏电。指针偏转的多少,取决于电流表的灵敏度和漏电电流的大小。若偏转多则说明漏电大,确定漏电后可按下一步继续进行检查。

②判断漏电类型。判断其是火线与零线间的漏电,还是相线与大地间的漏电,或者是两者兼而有之。以接入电流表检查为例,切断零线,观察电流的变化:电流表指示不变,是相线与大地之间漏电;电流表指示为零,是相线与零线之间的漏电;电流表指示变小但不为零,则表明相线与零线、相线与大地之间均有漏电。

③确定漏电范围。取下分路熔断器或拉下开关,电流表若不变化,则表明是总线漏电;电流表指示为零,则表明是分路漏电;电流表指示变小但不为零,则表明总线与分路均有漏电。

④找出漏电点。按前面介绍的方法确定漏电的分路或线段后,依次拉断该线路灯具的开关,当拉断某一开关时,电流表指针回零或变小,若回零则是这一分支线漏电,若变小则除该分支漏电外还有其他漏电处;若所有灯具开关都拉断后,电流表指针仍不变,则说明是该段干线漏电。

二、照明设备的常见故障及排除

1. 开关的常见故障及排除方法(见表 6-1)

表 6-1　开关的常见故障及排除方法

故障现象	产生原因	排除方法
开关操作后电路不通	接线螺丝松脱,导线与开关导体不能接触	打开开关,紧固接线螺丝
	内部有杂物,使开关触片不能接触	打开开关,清除杂物
	机械卡死,拨不动	给机械部位加润滑油,机械部分损坏严重时,应更换开关

续上表

故障现象	产生原因	排除方法
接触不良	压线螺丝松脱	打开开关盖,压紧接线螺丝
	开关触头上有污物	断电后,清除污物
	拉线开关触头磨损、打滑或烧毛	断电后修理或更换开关
开关烧坏	负载短路	处理短路点,并恢复供电
	长期过载	减轻负载或更换容量大一级的开关
漏电	开关防护盖损坏或开关内部接线头外露	重新配全开关盖,并接好开关的电源连接线
	受潮或受雨淋	断电后进行烘干处理,并加装防雨措施

2. 插座的常见故障及排除方法(见表6-2)

表6-2　插座的常见故障及排除方法

故障现象	产生原因	排除方法
插头插上后不通电或接触不良	插头压线螺丝松动,连接导线与插头片接触不良	打开插头,重新压接导线与插头的连接螺丝
	插头根部电源线在绝缘皮内部折断,造成时通时断	剪断插头端部一段导线,重新连接
	插座口过松或插座触片位置偏移,使插头接触不上	断电后,将插座触片收拢一些,使其与插头接触良好
	插座引线与插座压线导线螺丝松开,引起接触不良	重新连接插座电源线,并旋紧螺丝
插座烧坏	插座长期过载	减轻负载或更换容量大的插座
	插座连接线处接触不良	紧固螺丝,使导线与触片连接好并清除生锈物
	插座局部漏电引起短路	更换插座
插座短路	导线接头有毛刺,在插座内松脱引起短路	重新连接导线与插座,在接线时要注意将接线毛刺清除
	插座的两插口相距过近,插头插入后碰连引起短路	断电后,打开插座修理
	插头内部接线螺丝脱落引起短路	重新把紧固螺丝旋进螺母位置,固定紧
	插头负载端短路,插头插入后引起弧光短路	消除负载短路故障后,断电更换同型号的插座

3. 日光灯的常见故障及排除方法(见表 6-3)

表 6-3 日光灯的常见故障及排除方法

故障现象	产生原因	排除方法
日光灯不能发光	停电或保险丝烧断导致无电源	找出断电原因,检修好故障后恢复送电
	灯管漏气或灯丝断	用万用表检查或观察荧光粉是否变色,如确认灯管坏,可换新灯管
	电源电压过低	不必修理
	新装日光灯接线错误	检查线路,重新接线
	电子镇流器整流桥开路	更换整流桥
日光灯灯光抖动或两端发红	接线错误或灯座灯脚松动	检查线路或修理灯座
	电子镇流器谐振电容器容量不足或开路	更换谐振电容器
	灯管老化,灯丝上的电子发射将尽,放电作用降低	更换灯管
	电源电压过低或线路电压降过大	升高电压或加粗导线
	气温过低	用热毛巾对灯管加热
灯光闪烁或管内有螺旋滚动光带	电子镇流器的大功率晶体管开焊接触不良或整流桥接触不良	重新焊接
	新灯管暂时现象	使用一段时间,会自行消失
	灯管质量差	更换灯管
灯管两端发黑	灯管老化	更换灯管
	电源电压过高	调整电源电压至额定电压
	灯管内水银凝结	灯管工作后即能蒸发或将灯管旋转 180°
灯管光度降低或色彩转差	灯管老化	更换灯管
	灯管上积垢太多	清除灯管积垢
	气温过低或灯管处于冷风直吹位置	采取遮风措施
	电源电压过低或线路电压降得太大	调整电压或加粗导线
灯管寿命短或发光后立即熄灭	开关次数过多	减少不必要的开关次数
	新装灯管接线错误将灯管烧坏	检修线路,改正接线
	电源电压过高	调整电源电压
	受剧烈振动,使灯丝振断	调整安装位置或更换灯管
断电后灯管仍发微光	荧光粉余辉特性	过一会儿将自行消失
	开关接到了零线上	将开关改接至相线上
灯管不亮,灯丝发红	高频振荡电路不正常	检查高频振荡电路,重点检查谐振电容器

4. 白炽灯常见故障及排除方法(见表 6-4)

表 6-4　白炽灯常见故障及排除方法

故障现象	产生原因	排除方法
灯泡不亮	灯泡钨丝烧断	更换灯泡
	灯座或开关触点接触不良	把接触不良的触点修复,无法修复时,应更换完好的触点
	停电或电路开路	修复线路
	电源熔断器熔丝烧断	检查熔丝烧断的原因并更换新熔丝
灯泡强烈发光后瞬时烧毁	灯丝局部短路(俗称搭丝)	更换灯泡
	灯泡额定电压低于电源电压	换用额定电压与电源电压一致的灯泡
灯光忽亮忽暗,或忽亮忽熄	灯座或开关触点(或接线)松动,或因表面存在氧化层(铝质导线、触点易出现)	修复松动的触头或接线,去除氧化层后重新接线,或去除触点的氧化层
	电源电压波动(通常附近有大容量负载经常启动引起)	更换配电所变压器,增加容量
	熔断器熔丝接头接触不良	重新安装,或加固压紧螺钉
	导线连接处松散	重新连接导线
开关合上后熔断器熔丝烧断	灯座或挂线盒连接处两线头短路	重新接线头
	螺口灯座内中心铜片与螺旋铜圈相碰、短路	检查灯座并扳准中心铜片
	熔丝太细	正确选配熔丝规格
	线路短路	修复线路
	用电器发生短路	检查用电器并修复
灯光暗淡	灯泡内钨丝挥发后积聚在玻璃壳内表面,透光度降低,同时由于钨丝挥发后变细,电阻增大,电流减小,光通量减小	正常现象
	灯座、开关或导线对地严重漏电	更换完好的灯座、开关或导线
	灯座、开关接触不良,或导线连接处接触电阻增加	修复、接触不良的触点,重新连接接头
	线路导线太长太细,线路压降太大	缩短线路长度,或更换较大截面的导线
	电源电压过低	调整电源电压

5. 高压汞灯常见故障及排除方法（见表 6-5）

表 6-5　高压汞灯常见故障及排除方法

故障现象	产生原因	排除方法
灯不发光	电源电压过低	提高电源电压或采用升压变压器
	开关接线桩上的线头松动	重新接线并坚固好
	镇流器选用不当	更换符合要求的镇流器
	灯安装不正确或灯泡损坏	重新正确安装或更换灯泡
灯光不亮	汞蒸气未达到足够的压力	如果电源、灯光均无故障,通常通电 5 min 左右,灯泡就能发出亮光
	电源电压过低	应提高电源电压或采用升压变压器
	镇流器选用不合适或接线错误	更换符合要求的镇流器或改正接线
	灯光使用日久,已经老化	更换灯泡
发光正常,但不久灯光即昏暗	电源负荷增大	检查电源负荷并适当降低负荷
	镇流器的沥青流出,绝缘能力降低	更换镇流器
	由于振动,灯泡损坏或接触松动	消除振动现象或采用耐振型灯具
	通过灯泡的电流过大,灯泡使用寿命缩短	调整电源电压,使其正常,或采用较高电压的镇流器,然后更换灯泡
	灯泡连接线头松动	重新接好线
高压汞灯熄灭后,立即接通开关灯长时间不亮	灯罩过小或通风不良	更换大尺寸或改用小功率镇流器和小功率灯泡
	电源电压下降,再启动时间延长	提高电源电压或采用适合电源电压的镇流器
	灯泡损坏	更换灯泡
一亮即突然熄灭	电源电压过低	提高电源电压至额定值,或采用升压变压器
	灯座、镇流器和开关的接线松动	重新接好线
	线路断线	应检查线路,找出原因并接好断线
	灯泡损坏	更换灯泡
高压汞灯忽亮忽灭	电源电压波动于启辉电压的临界值	检查电源,必要时用稳压型镇流器
	灯座接触不良	修复或更换灯座
	灯泡螺口松动	更换灯泡
	连接线松动	重新接好线
	镇流器有故障	更换镇流器

续上表

故障现象	产生原因	排除方法
高压汞灯有闪烁	接线错误	改正接线
	电源电压下降	调整电源电压或采用升压变压器
	镇流器规格不合适	更换符合要求的镇流器
	灯泡损坏	更换灯泡

6. 漏电断路器的常见故障分析及排除方法(见表 6-6)

漏电保护器的常见故障有拒动作和误动作。拒动作是指线路或设备已发生预期的触电或漏电时漏电保护装置拒绝动作;误动作是指线路或设备未发生触电或漏电时漏电保护装置的动作。

表 6-6 漏电断路器的常见故障分析及排除方法

故障现象	产生原因	排除方法
拒动作	漏电动作电流选择不当:选用的保护器动作电流过大或整定过大,而实际产生的漏电值没有达到规定值,使保护器拒动作	正确选择动作电流
	接线错误:在漏电保护器后,如果把保护线(即 PE 线)与中性线(N 线)接在一起,发生漏电时,漏电保护器将拒动作	重新接线
	产品质量低劣,零序电流互感器二次电路断路、脱扣元件故障	更换断路器
	线路绝缘阻抗降低,线路由于部分电击电流不沿配电网工作接地,或漏电保护器前方的绝缘阻抗、而沿漏电保护器后方的绝缘阻抗流经保护器返回电源	正确接线
误动作	接线错误,误把保护线(PE 线)与中性线(N 线)接反	正确接线
	在照明和动力合用的三相四线制电路中,错误地选用三极漏电保护器,负载的中性线直接接在漏电保护器的电源侧	更换漏电保护器
	漏电保护器后方有中性线与其他回路的中性线连接或接地,或后方有相线与其他回路的同相相线连接,接通负载时会造成漏电保护器误动作	正确接线
	漏电保护器附近有大功率电器,当其开合时产生电磁干扰,或附近装有磁性元件或较大的导磁体,在互感器铁芯中产生附加磁通量而导致误动作	避免附近有大功率电器
	当同一回路的各相不同步合闸时,先合闸的一相可能产生足够大的泄漏电流	同步合闸
	漏电保护器质量低劣,元件质量不高或装配质量不好,降低了漏电保护器的可靠性和稳定性,导致误动作	更换漏电保护器
	环境温度、相对湿度、机械振动等超过漏电保护器设计条件	控制环境条件

7. 熔断器的常见故障及排除方法(见表6-7)

表 6-7　熔断器的常见故障及排除方法

故障现象	产生原因	排除方法
通电瞬间熔体熔断	熔体安装时受机械损伤严重	更换熔丝
	负载侧短路或接地	排除负载故障
	熔丝电流等级选择太小	更换熔丝
熔丝未断但电路不通	熔丝两端或两端导线接触不良	重新连接
	熔断器的端帽未拧紧	拧紧端帽

第三节　电照系统验收、维护与保养

一、验收注意事项

(1)检查现场实物是否与竣工图一致。

(2)检查电照线路与其他动力装置等用电线路是否分开设置,配电箱是否单独设置。

(3)检查配电箱空气开关、漏电保护开关是否匹配,供电回路是否明晰。

(4)检查电线线径、过墙穿管、槽内接头、相线进开关、布管布槽、吊顶内管线、综合布线情况是否符合标准和设计要求。

(5)检查雨棚灯具及线管安装是否具备抗风性能,钢结构应预留穿线孔洞,钢管或金属线槽是否设有跨接,管道或线槽内是否存在驳接,电线是否乱拉乱接等。

(6)检查灯具(特别是站台雨棚灯具、大型灯具)安装是否牢固、可靠。

(7)检查防雷、接地系统的设置及电阻检测情况以及有资质的第三方检测机构的检测资料。

二、维护与保养

1. 照明线路的运行及维护

(1)照明线路在投入运行前,应认真检查验收,并建立设备技术管理档案,标明规范及负荷名称,在运行维护后及时填写有关检查项目,如负荷情况、绝缘情况、存在缺陷等,以便经常掌握线路的运行情况。线路停电时间超过一个月以上重新送电前,应作巡视检查,并测绝缘电阻。

(2)电照设备检查周期应严格执行铁总运〔2017〕60号相关规定,见表6-8。

表 6-8　电力设备检查周期

项　　目	子　　项	一类	二类	三类
配电箱	电流互感器、断路器或熔断器、隔离开关或负荷开关、控制元件、接线端子等部分	一个月	一季度	一季度
开关、插座	开关、插座、接线端子等部分	一季度	半年	半年

续上表

项　　目	子　　项	一类	二类	三类
导线、配管	导线、配管、连接线等部分	半年	一年	一年
避雷装置、接地装置	避雷装置：避雷网、保护间隙、击穿保险、避雷器及其引下线、断接卡、支持物、紧固件、连接线、连接头、连接点等部分。 接地装置：接地体、接地线零线、支持物、紧固件、分接头、连接头、连接点等部分	一年（雷雨季节来临之前）		

注：设备使用说明书对检查频次有明确规定的，执行说明书规定。

2. 电照设备与线路巡视检查的内容

(1)配电箱(柜)内及引进、引出线处无灰尘。

(2)照明器接线端子应紧固，灯具罩及反射器应无灰尘及污垢。

(3)检查导线与建筑物等是否有摩擦和相蹭之处，绝缘是否破损，绝缘支持物有无脱落。

(4)检查裸导线各相的弧度和线间距离是否相同，裸导线的防护网（板）与裸导线的距离是否符合要求，必要时应调整导线间和导线与地面的距离。

(5)明敷设电线管及木槽板等是否有开裂、砸伤处，钢管的接地是否良好。检查绝缘子、瓷珠、导线横担、金属槽板的支持状态，必要时予以修理。

(6)钢管和塑料管的防水弯头有无脱落或导线蹭管口的现象。

(7)地面下敷设的塑料管线路上方有无重物积压或冲撞。

(8)导线是否有长期过负荷现象，导线的各连接点接触是否良好，有无过热现象。

(9)应经常检查零线回路各连接点的接触情况是否良好，有无腐蚀或脱开。

(10)线路上是否接用不合格的或不允许的其他电气设备，有无私拉乱接的临时线路。

(11)测量线路绝缘电阻。在潮湿区域及有腐蚀性蒸气、气体的房屋，每年测两次以上，绝缘电阻值不得低于 500 Ω；干燥区域，每年测一次，绝缘电阻值不得低于 1 000 Ω。

(12)检查各种标示牌和警告牌是否齐全，检查熔断器等是否合适和完整。

(13)对于使用年限较长的用电线路及设备，应每年检查一次线路老化情况，并测量实际负荷是否超过额定功率。

(14)防雷接地系统各连接节点应紧固，连接线、引下线、接地线锈蚀截面不得超过 30%，建筑物的接地电阻应满足要求。

第四节　安全注意事项

一、维修作业电气安全注意事项

1. 管路敷设

(1)锯管套丝时管子压钳案子要放平衡，用力要均衡，防止锯条折断或套丝扳手崩滑伤人。

(2)用手动弯管器煨弯时，操作人员面部一定要错开所弯的管子，以免弯管器滑脱伤人。

(3)在进行管路焊接时,应注意避免弧光伤害其他工作人员的眼睛,打药渣时要注意防止烫伤眼睛。电焊把线和零线不准搭在氧气瓶上面,更不准从金属绳上面拉过。下班前,电焊把线和零线必须分开放置,以防短路。

(4)搬运大管径钢管时,不能直接用手抬管子,应在管两端插入木棒或小钢管再抬运。

(5)高空作业时,应系好安全带(绳),戴好安全帽,防止高空掉物砸伤。

(6)电焊施工前,要查看周围有无易燃、易爆物品,必须清理完毕方可施工。特别要关注外墙、厨房、卫生间防水材料的防护,电焊渣绝对不能接触这些部位的防水材料。

2.防雷接地检修

(1)高空作业时,必须系好安全带(绳)、戴好安全帽、穿软底鞋。遇有大风、雷雨天气影响施工时,应立即停止作业。

(2)雨雪天气后作业时,要注意采取防滑措施。

(3)施工用工具、材料,应搁置在顺手稳妥的地方,防止坠落伤人。

3.管内穿线

(1)扫管穿线时要将钢丝两端应变成封闭的圆环状,防止钢丝的弹力勾眼;两人穿线时应协调一致,不得用力过猛以免伤手。带线钢丝穿好后,在盒、箱内要妥当放置,不要出盒、箱,以免钢丝头伤人。

(2)使用梯子作业时,梯子要绑扎牢固,并设好拉绳,不得站在梯子最上一层工作以免摔伤,梯凳上禁止放工具、材料。

(3)使用喷灯进行加热时,要有防火设施,以免发生火灾。使用焊锡锅时,不能将冷勺或水浸入锅内,防止爆炸、飞溅伤人。

(4)管内穿线的颜色必须严格按照图纸敷设,严禁电线颜色串色、替换。

4.配电箱柜安装

(1)安装配电箱、盘面和器具时,应防止倾倒和坠落伤人。

(2)开关上的保险丝必须按规定选用,不得用铜铝丝代用,摆放方法要正确合理。

(3)吊装作业时,机具、吊索必须先经过仔细检查,不合格者不得使用,防止倾覆伤人。

(4)搬运沉重的配电柜时,应在地面垫木板用滚杠移动,并要有专人统一指挥,用撬杠拨动时,不得使物件倾斜,以免伤人。

(5)在基础型钢上调整柜(盘)体时,动作应协调一致,防止挤伤手脚。

(6)使用电钻钻孔时,电钻外壳不得漏电,电源线不得破皮漏电,电钻应按规定接地(接零)。

(7)试运行的安全保护用品未准备好时,不得进行试运行。试运行中必须严格服从指挥,按试运行方案操作,操作及监护人员不得随意改变操作指令。

(8)送电试亮前,要通知现场有关施工人员,非电气工作人员禁止乱动电气器具。

5.电缆敷设

(1)搬运、敷设电缆时必须有人指挥,防止电缆滚动伤人。

(2)制作电缆头时需注意防火。

(3)严格按照 A、B、C、N 三相四线制压接电缆,严禁串相或少相。

6. 电气设备、灯具维修安装

(1)使用梯子或登高平台作业时,一定要穿戴好相应的防护用品,采取防掉、摔、砸措施。

(2)进行高空作业时,下面应有专人防护,作业所需的工具、材料、物品一律使用绳子输送互递,禁止上抛下扔。

(3)先用验电笔试电,确认灯具座火线不带电。

(4)操作人员需穿电工绝缘鞋进行操作。

7. 电气竖井内作业

(1)严格按照有限空间作业相关规定作业,严禁在竖井内多专业同时交叉施工。

(2)竖井内电气未安装施工前,要做好所有顶板预留洞的封堵工作。

(3)电气竖井施工时严禁把工具、材料配件放在孔洞周围。

8. 屋顶维修作业

(1)屋顶维修作业时,严禁把维修材料、工具放置在屋顶外沿。

(2)雨雪天气在屋顶维修作业时,要注意滑倒摔跤坠落。

9. 电焊作业

(1)电、气焊作业现场 10 m 以内不准有易燃、易爆物品,工作面如有此类物品应将其清除,确实无法清除时,必须采取安全防护措施。操作者必须穿戴好劳动保护用品,进行高空作业时要系好安全带(绳),采取保护、防护措施,地面设安全监护人。工作时不准将管、线缠绕在身上,雨天、浓雾和潮湿天气禁止在室外进行焊接工作,工作完毕后应认真检查场地,灭绝火种,关断电源。

(2)如果地下室外墙、屋顶防水已施工完毕,电气室外防雷接地、主体结构防雷引下线或均压环、屋顶避雷带等电气焊接施工时,必须采取保护措施,防止电焊渣引燃防水材料。

(3)进入装修阶段后,如果要在楼内进行电焊作业,必须要检查相邻房间、本层房间所有的预留洞,特别要重点关注厨、卫等做防水的部位,查看电焊渣有无可能进入这些部位,杜绝火灾隐患。

10. 材料堆放

(1)所有管路要堆放在钢管架上,钢管架搭设部位、搭设方案必须经过技术部门及安全部门的认可、验收,否则严禁使用。

(2)配电柜严禁堆积放置。

(3)电缆堆放处地面要平,严禁堆放在有坡处。

11. 其他

(1)所有电气施工人员、电焊作业人员均要求有上岗证,严禁无证施工。

(2)与其他专业交叉、立体施工时,要注意自身安全防护。

(3)楼板洞口、阳台口、转角口等危险地方,不得打闹,不得随意移动安全防护设施。

(4)在进行电气调试时,严格按照电气技术操作规程进行,严禁违规操作。

(5)扑灭电气火灾时,应采用干式灭火器(如:二氧化碳、四氯化碳等),进行带电灭火时,应保持一定的安全距离,严禁使用水浇火。

(6)任何电气施工,严禁带电作业。

(7)通电调试阶段,任何电气施工必须依靠相关工具(电笔、万用表等)确保无电的情况下才能进行下一步操作,严禁靠感觉或用手去验证有电无电。

二、临时用电安全注意事项

1. 临时配电箱

(1)箱内要预留与开关数量相匹配的接地、接零端子,接地、接零端子大小要与开关大小相匹配。

(2)箱内要贴有系统图。

(3)所有压接设备的开关全部使用 30 mA 漏电电流、0.1 s 动作时间的漏电开关,严禁使用空气开关或刀开关。

(4)多股铜芯线必须涮锡或压铜鼻子接入开关。

(5)严禁同一接地或接零端子压接不同线缆的地线或零线,必须分开压接。

(6)定期检查接地、接零端子上的线缆是否有松动。

(7)接地、接零端子板上的螺栓及配件必须是镀锌的,必须带弹簧垫,应定期检查,及时把已锈蚀螺栓换掉。

(8)定期检查漏电开关是否动作正常,及时更换不合格的漏电开关。

(9)所有手提配电箱必须配置漏电开关,箱门完整。

(10)主体结构施工作业面,打混凝土时,要关上配电箱门,严禁灰浆进入箱内。

(11)雨雪、大风天气,要及时关好箱门。

(12)严禁在配电箱周围堆积易燃、易爆物品。

(13)配电箱周围要做防护栏、顶板用盖板防护。

(14)定期清理配电箱内的灰尘,检验开关是否动作正常。

(15)配置配电箱时,要对电路和设备的过载、短路故障进行可靠的保护。

2. 临时线缆

(1)所有线缆绝缘要良好,中间接头按规范压接。

(2)如果塔吊布置在基坑内,塔吊供电电缆要设置红色信号照明或小红旗做提醒标识。

(3)进入配电箱内的线缆要采取措施固定。

(4)严禁在电缆上堆积物品以影响电缆的散热。

(5)所有低压线必须采取瓷瓶保护。

(6)严禁线缆明敷设在地面上,穿越马路处要穿管保护。

(7)禁止把电线挂、压在铁管、铁板、钢筋或铁钉上,或将电线靠近发热的物体。现场电源线不准使用外皮破损或绝缘老化的电线,不得在地面摆放或拖拉。

(8)电缆的载流量要与开关、设备的容量匹配,严禁开关容量或设备容量大于电缆载流量。

(9)定期用摇表测量电缆的绝缘电阻值,不使用绝缘电阻值小于 20 MΩ 的电缆。

(10)线缆压接时要注意线缆的颜色,严禁串相、串色。

(11)明敷设电缆进入埋地敷设时,要给明敷设电缆做防护。

(12)严禁通电电缆堆积,防止涡流引起火灾。

(13)在雷雨天,不要走进高压电杆、铁塔、避雷针的接地导线周围 20 m 内。当遇到高压线断落时,周围 10 m 之内,禁止人员进入;若已经在 10 m 范围之内,应单足或并足跳出危险区。

3. 防雷接地

(1)现场临电采用 TN-S 系统配电,所有设备使用三相四线制供电。

(2)脚手架、现场简易楼房均要做接地装置。

(3)现场临电配电室、所有总箱(一级箱)均要做重复接地。

(4)定期用摇表测量接地装置的接地电阻,电阻值小于 4 Ω 时,要及时补打接地极直至满足规范要求为止。

(5)所有设备要接地或接零保护。

4. 现场设备用电

(1)用电设备实行一机一闸、一漏一箱,机具距开关不能大于 3 m。

(2)所有电焊机使用专用漏电保护装置。

(3)经常检查电气设备相间和相地绝缘,防止闪接。

(4)经常检查电气设备的保护接地、接零装置,保证连接牢固。

(5)经常接触和使用的配电箱、配电板、闸刀开关、按钮开头、插座、插销以及导线等,必须保持完好,不得有破损或将带电部分裸露。

(6)在移动用电设备时,必须先切断电源,并保护好导线,以免磨损或拉断。

(7)在使用手电钻、电砂轮等手持电动工具时,必须安装漏电保护器,工具外壳要进行防护性接地或接零,并要防止移动工具时导线被拉断。

(8)对设备进行维修时,一定要切断电源,并在明显处放置"禁止合闸,有人工作"的警示牌。

(9)经常检查设备上线缆的绝缘,不合格必须及时更换,以免引起火灾或触电。

(10)注意线路上的设备负荷不能过高,以免线路容量不够。

5. 现场照明

(1)施工现场及民工宿舍、各类民工用房使用 36 V 照明,特别潮湿场所、金属容器内采用 12 V 照明。

(2)卫生间、室外灯具要使用防水防潮式灯具。

(3)在库房必须安装防爆灯具,经过库房的线路不能有接头、破皮。

(4)电梯井道要安装低压照明。

6. 其他

(1)操作人员穿戴绝缘鞋和手套,使用绝缘工具,并由专业人员进行操作。

(2)不得用铜丝等代替保险丝,并保持闸刀开关、磁力开关等盖面完整,以防短路时发生电弧或保险丝熔断飞溅伤人。

(3)非值班电工禁止拆、装电气线路或设备。

第七章　建筑限界管理

房建设备在任何情况下均不得侵入铁路建筑限界(以下简称限界)。

限界是一个和线路中心线垂直的极限横断面轮廓。限界检测是指对既有设施设备在轨面不同高度处最接近线路中心线的点共同构成的横断面轮廓(即实际限界)的检查和测量。

第一节　限　界　标　准

一、客货共线铁路建筑限界标准

1. 站台建筑限界(正线不适用)

当距轨面高度 350 mm≤H≤1 250 mm 时,建筑限界为1 750 mm。

2. 高架候车结构柱和跨线桥、天桥、雨棚柱等的建筑限界(正线不适用)

当距轨面高度1 250 mm<H≤3 980 mm 时,建筑限界为2 150 mm。

3. 电力牵引区段的跨线桥、天桥、雨棚等建(构)筑物

当 v≤160 km/h 时,高度在5 000 mm≤H≤5 800 mm 时,建筑限界为1 700 mm。

当 v>160 km/h 时,高度在4 900 mm≤H≤6 680 mm 时,建筑限界为1 760 mm。

除以上 1~3 的情况外,其他房建设备建筑限界标准,见表7-1。

表 7-1　机车车辆限界基本轮廓、各级超限限界与建筑限界距离线路中心所在垂直平面尺寸表

自轨面起算的高度 (mm)	限界距线路中心线所在垂直平面的距离(mm)			
	机车车辆限界 基本轮廓	一级超限 限界	二级超限 限界	建筑限界 *
150	1 320		1 400	1 471
160	1 330		1 400	1 477
170	1 340		1 400	1 482
180	1 350		1 400	1 488
190	1 360		1 400	1 494
200	1 370		1 400	1 500
210	1 380		1 400	1 725
220	1 390		1 400	1 725
230	1 400			1 725
240	1 410			1 725

续上表

自轨面起算的高度 (mm)	限界距线路中心线所在垂直平面的距离(mm)			
	机车车辆限界 基本轮廓	一级超限 限界	二级超限 限界	建筑限界 *
250	1 420			1 725
260	1 430			1 725
270	1 440			1 725
280	1 450			1 725
290	1 460			1 725
300	1 470			1 725
310	1 480			1 725
320	1 490			1 725
330	1 500			1 725
340	1 510			1 725
350(不含)	1 520			1 725
350～1 100(含)	1 675			1 875
1 110	1 675			2 376
1 120	1 675			2 382
1 130	1 675			2 389
1 140	1 675			2 395
1 150	1 675			2 401
1 160	1 675			2 408
1 170	1 675			2 414
1 180	1 675			2 420
1 190	1 675			2 427
1 200	1 675			2 433
1 210～1 250(含)	1 675			2 440
1 250～3 000	1 700	1 900	1 940	2 440
3 010	1 700	1 900	1 940	2 437
3 020	1 700	1 900	1 940	2 434
3 030	1 700	1 900	1 940	2 431
3 040	1 700	1 900	1 940	2 428
3 050	1 700	1 900	1 940	2 425
3 060	1 700	1 900	1 940	2 422

续上表

自轨面起算的高度 (mm)	限界距线路中心线所在垂直平面的距离(mm)			
	机车车辆限界 基本轮廓	一级超限 限界	二级超限 限界	建筑限界＊
3 070	1 700	1 900	1 940	2 419
3 080	1 700	1 900	1 940	2 416
3 090	1 700	1 900	1 940	2 413
3 100	1 700	1 900	1 940	2 410
3 110	1 700	1 898	1 938	2 407
3 120	1 700	1 896	1 936	2 404
3 130	1 700	1 894	1 935	2 401
3 140	1 700	1 892	1 933	2 398
3 150	1 700	1 890	1 931	2 396
3 160	1 700	1 888	1 929	2 393
3 170	1 700	1 886	1 927	2 390
3 180	1 700	1 884	1 926	2 387
3 190	1 700	1 882	1 924	2 384
3 200	1 700	1 880	1 922	2 381
3 210	1 700	1 878	1 920	2 378
3 220	1 700	1 876	1 918	2 375
3 230	1 700	1 874	1 917	2 372
3 240	1 700	1 872	1 915	2 369
3 250	1 700	1 870	1 913	2 366
3 260	1 700	1 868	1 911	2 363
3 270	1 700	1 866	1 909	2 360
3 280	1 700	1 864	1 908	2 357
3 290	1 700	1 862	1 906	2 354
3 300	1 700	1 860	1 904	2 352
3 310	1 700	1 858	1 902	2 349
3 320	1 700	1 856	1 900	2 346
3 330	1 700	1 854	1 899	2 343
3 340	1 700	1 852	1 897	2 340
3 350	1 700	1 850	1 895	2 337
3 360	1 700	1 848	1 893	2 334

续上表

自轨面起算的高度 （mm）	限界距线路中心线所在垂直平面的距离（mm）			
	机车车辆限界 基本轮廓	一级超限 限界	二级超限 限界	建筑限界＊
3 370	1 700	1 846	1 891	2 331
3 380	1 700	1 844	1 890	2 328
3 390	1 700	1 842	1 888	2 325
3 400	1 700	1 840	1 886	2 322
3 410	1 700	1 838	1 884	2 319
3 420	1 700	1 836	1 882	2 316
3 430	1 700	1 834	1 881	2 313
3 440	1 700	1 832	1 879	2 310
3 450	1 700	1 830	1 877	2 308
3 460	1 700	1 828	1 875	2 305
3 470	1 700	1 826	1 873	2 302
3 480	1 700	1 824	1 872	2 299
3 490	1 700	1 822	1 870	2 296
3 500	1 700	1 820	1 868	2 293
3 510	1 700	1 818	1 866	2 290
3 520	1 700	1 816	1 864	2 287
3 530	1 700	1 814	1 863	2 284
3 540	1 700	1 812	1 861	2 281
3 550	1 700	1 810	1 859	2 278
3 560	1 700	1 808	1 857	2 275
3 570	1 700	1 806	1 855	2 272
3 580	1 700	1 804	1 854	2 269
3 590	1 700	1 802	1 852	2 266
3 600	1 700	1 800	1 850	2 264
3 610	1 695	1 796	1 846	2 261
3 620	1 690	1 792	1 842	2 258
3 630	1 685	1 789	1 839	2 255
3 640	1 680	1 785	1 835	2 252
3 650	1 675	1 781	1 831	2 249
3 660	1 670	1 778	1 828	2 246

续上表

自轨面起算的高度 （mm）	限界距线路中心线所在垂直平面的距离（mm）			
	机车车辆限界 基本轮廓	一级超限 限界	二级超限 限界	建筑限界＊
3 670	1 665	1 774	1 824	2 243
3 680	1 660	1 770	1 820	2 240
3 690	1 655	1 766	1 816	2 237
3 700	1 650	1 762	1 812	2 234
3 710	1 645	1 759	1 809	2 231
3 720	1 640	1 755	1 805	2 228
3 730	1 635	1 751	1 801	2 225
3 740	1 630	1 748	1 798	2 222
3 750	1 625	1 744	1 794	2 220
3 760	1 620	1 740	1 790	2 217
3 770	1 615	1 736	1 786	2 214
3 780	1 610	1 732	1 782	2 211
3 790	1 605	1 729	1 779	2 208
3 800	1 600	1 725	1 775	2 205
3 810	1 595	1 721	1 771	2 202
3 820	1 590	1 718	1 768	2 199
3 830	1 585	1 714	1 764	2 196
3 840	1 580	1 710	1 760	2 193
3 850	1 575	1 706	1 756	2 190
3 860	1 570	1 702	1 752	2 187
3 870	1 565	1 699	1 749	2 184
3 880	1 560	1 695	1 745	2 181
3 890	1 555	1 691	1 741	2 178
3 900	1 550	1 688	1 738	2 176
3 910	1 545	1 684	1 734	2 173
3 920	1 540	1 680	1 730	2 170
3 930	1 535	1 676	1 726	2 167
3 940	1 530	1 672	1 722	2 164
3 950	1 525	1 669	1 719	2 161
3 960	1 520	1 665	1 715	2 158

自轨面起算的高度（mm）	限界距线路中心线所在垂直平面的距离（mm）			
	机车车辆限界基本轮廓	一级超限限界	二级超限限界	建筑限界 *
3 970	1 515	1 661	1 711	2 155
3 980	1 510	1 658	1 708	2 152
3 990	1 505	1 654	1 704	2 149
4 000	1 500	1 650	1 700	2 146
4 010	1 495	1 643	1 693	2 143
4 020	1 490	1 637	1 687	2 140
4 030	1 485	1 630	1 680	2 137
4 040	1 480	1 623	1 673	2 134
4 050	1 475	1 617	1 667	2 132
4 060	1 470	1 610	1 660	2 129
4 070	1 465	1 603	1 653	2 126
4 080	1 460	1 597	1 647	2 123
4 090	1 455	1 590	1 640	2 120
4 100	1 450	1 583	1 633	2 117
4 110	1 445	1 577	1 627	2 114
4 120	1 440	1 570	1 620	2 111
4 130	1 435	1 563	1 613	2 108
4 140	1 430	1 557	1 607	2 105
4 150	1 425	1 550	1 600	2 102
4 160	1 420	1 543	1 593	2 099
4 170	1 415	1 537	1 587	2 096
4 180	1 410	1 530	1 580	2 093
4 190	1 405	1 523	1 573	2 090
4 200	1 400	1 517	1 568	2 088
4 210	1 395	1 510	1 560	2 085
4 220	1 390	1 503	1 553	2 082
4 230	1 385	1 497	1 547	2 079
4 240	1 380	1 490	1 540	2 076
4 250	1 375	1 483	1 533	2 073
4 260	1 370	1 477	1 527	2 070

续上表

自轨面起算的高度 （mm）	限界距线路中心线所在垂直平面的距离（mm）			
	机车车辆限界 基本轮廓	一级超限 限界	二级超限 限界	建筑限界＊
4 270	1 365	1 470	1 520	2 067
4 280	1 360	1 463	1 513	2 064
4 290	1 355	1 457	1 507	2 061
4 300	1 350	1 450	1 500	2 058
4 310	1 332	1 438	1 490	2 055
4 320	1 314	1 427	1 480	2 052
4 330	1 296	1 415	1 470	2 049
4 340	1 278	1 403	1 460	2 046
4 350	1 260	1 392	1 450	2 044
4 360	1 242	1 380	1 440	2 041
4 370	1 224	1 368	1 430	2 038
4 380	1 206	1 357	1 420	2 035
4 390	1 188	1 345	1 410	2 032
4 400	1 170	1 333	1 400	2 029
4 410	1 152	1 322	1 390	2 026
4 420	1 134	1 310	1 380	2 023
4 430	1 116	1 298	1 370	2 020
4 440	1 098	1 287	1 360	2 017
4 450	1 080	1 275	1 350	2 014
4 460	1 062	1 263	1 340	2 011
4 470	1 044	1 252	1 330	2 008
4 480	1 026	1 240	1 320	2 005
4 490	1 008	1 228	1 310	2 002
4 500	990	1 217	1 300	2 000
4 510	972	1 205	1 290	1 994
4 520	954	1 193	1 280	1 988
4 530	936	1 182	1 270	1 982
4 540	918	1 170	1 260	1 976
4 550	900	1 158	1 250	1 970
4 560	882	1 147	1 240	1 964

续上表

自轨面起算的高度（mm）	限界距线路中心线所在垂直平面的距离（mm）			
	机车车辆限界基本轮廓	一级超限限界	二级超限限界	建筑限界 *
4 570	864	1 135	1 230	1 958
4 580	846	1 123	1 220	1 952
4 590	828	1 112	1 210	1 946
4 600	810	1 100	1 200	1 940
4 610	792	1 085	1 188	1 934
4 620	774	1 070	1 175	1 928
4 630	756	1 055	1 162	1 922
4 640	738	1 040	1 150	1 916
4 650	720	1 025	1 138	1 910
4 660	702	1 010	1 125	1 904
4 670	684	995	1 112	1 898
4 680	666	980	1 100	1 892
4 690	648	965	1 088	1 886
4 700	630	950	1 075	1 880
4 710	612	935	1 062	1 874
4 720	594	920	1 050	1 868
4 730	576	905	1 038	1 862
4 740	558	890	1 025	1 856
4 750	540	875	1 012	1 850
4 760	522	860	1 000	1 844
4 770	504	845	988	1 838
4 780	486	830	975	1 832
4 790	468	815	962	1 826
4 800	450	800	950	1 820
4 810		777	925	1 814
4 820		753	900	1 808
4 830		730	875	1 802
4 840		707	850	1 796
4 850		683	825	1 790
4 860		660	800	1 784

自轨面起算的高度 （mm）	限界距线路中心线所在垂直平面的距离（mm）			
	机车车辆限界 基本轮廓	一级超限 限界	二级超限 限界	建筑限界＊
4 870		637	775	1 778
4 880		614	750	1 772
4 890		590	725	1 766
4 900		567	700	1 760
4 910		543	675	1 754
4 920		520	650	1 748
4 930		497	625	1 742
4 940		473	600	1 736
4 950		450	575	1 730
4 960			550	1 724
4 970			525	1 718
4 980			500	1 712
4 990			475	1 706
5 000			450	1 700
5 010				1 694
5 020				1 688
5 030				1 682
5 040				1 676
5 050				1 670
5 060				1 664
5 070				1 658
5 080				1 652
5 090				1 646
5 100				1 640
5 110				1 634
5 120				1 628
5 130				1 622
5 140				1 616
5 150				1 610
5 160				1 604

自轨面起算的高度 （mm）	限界距线路中心线所在垂直平面的距离（mm）			
	机车车辆限界 基本轮廓	一级超限 限界	二级超限 限界	建筑限界＊
5 170				1 598
5 180				1 592
5 190				1 586
5 200				1 580
5 210				1 574
5 220				1 568
5 230				1 562
5 240				1 556
5 250				1 550
5 260				1 544
5 270				1 538
5 280				1 532
5 290				1 526
5 300				1 520
5 310				1 514
5 320				1 508
5 330				1 502
5 340				1 496
5 350				1 490
5 360				1 484
5 370				1 478
5 380				1 472
5 390				1 466
5 400				1 460
5 410				1 454
5 420				1 448
5 430				1 442
5 440				1 436
5 450				1 430
5 460				1 424
5 470				1 418

续上表

自轨面起算的高度 (mm)	限界距线路中心线所在垂直平面的距离(mm)			
	机车车辆限界 基本轮廓	一级超限 限界	二级超限 限界	建筑限界*
5 480				1 412
5 490				1 406
5 500				1 400

注:建筑限界系引用《标准轨距铁路建筑限界》(GB 146.2—83)的基本建筑限界。

4. 设有缓和曲线的曲线加宽

曲线内侧加宽:

$$W_1 = \frac{40\ 500}{R} + \frac{H}{1\ 500}h \quad (mm)$$

曲线外侧加宽:

$$W_2 = \frac{44\ 000}{R} \quad (mm)$$

曲线内外侧加宽共计:

$$W = W_1 + W_2 = \frac{84\ 500}{R} + \frac{H}{1\ 500}h \quad (mm)$$

式中　R——曲线半径,m

　　　H——计算点自轨面算起的高度,mm

　　　h——外轨超高,mm

$\frac{H}{1\ 500}h$ 的值也可以用内侧轨顶为轴,将有关限界旋转 θ 角($\theta = \arctan \frac{h}{1\ 500}$)求得。

加宽范围,包括全部圆曲线、缓和曲线和部分直线。加宽方法可采用图 7-1 所示阶梯形方式,或采用曲线圆顺方式。

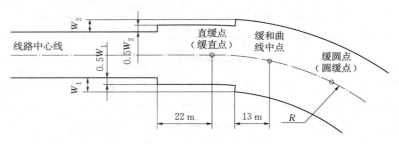

图 7-1　设有缓和曲线的曲线加宽

(1)0.5 倍加宽量:直缓点(缓直点)向直线段方向的 22 m 范围内(含 22 m)。

(2)0.5 倍加宽量:缓和曲线中点向直缓点(缓直点)方向 13 m 处至直缓点(缓直点)范围内。

(3)1 倍加宽量:缓和曲线中点向直缓点(缓直点)方向 13 m 处(含 13 m)至缓圆点(圆缓点)范围及整个圆曲线段。

5. 未设缓和曲线的曲线加宽

对于未设缓和曲线的圆曲线,其加宽范围应包括全部圆曲线和部分直线。部分直线段的加宽可采用折线方式,即从直圆点或圆直点外的 22 m 处开始加宽,逐渐加大,至直圆点或圆直点前的 4 m 处达到计算所需的曲线内、外侧加宽量。直圆点至直圆点前 4 m 直线段和圆曲线部分按计算所需的曲线内、外侧加宽量。

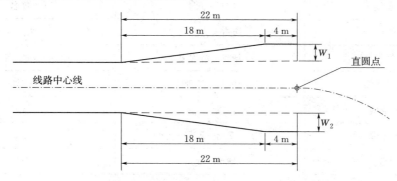

图 7-2 未设缓和曲线的曲线加宽

二、设备方位与曲线方向

1. 面向车站

限界检测时的参照方向,直接决定了被检测设备是在线路的左侧还是右侧,面向车站一般为行车方向,见表 7-2。

表 7-2 线路名称及面向站名表

线路名称	区 段	面向站名
京广线下行	蒲圻—广州	广州
京广线上行	广州—蒲圻	北京西
沪昆线下行	株洲—大龙	昆明
沪昆线上行	大龙—株洲	上海南
京九线下行	定南—东莞东	九龙
京九线上行	东莞东—定南	北京西
广深Ⅲ下行	广州—深圳	深圳
广深Ⅳ上行	深圳—广州	广州
渝怀线	秀山—怀化	怀化
焦柳线	西斋—牙屯堡	柳州
石长线	石门县北—捞刀河	长沙
益湛线	益阳—楠木塘	湛江
益湛线	马路圩—电白	湛江

线路名称	区 段	面向站名
湘桂线	衡阳—永州	永州
资许线	许家洞—三都	三都
广茂线	广州—茂名	茂名
云支线	腰古—大降坪	大降坪
湛海线	塘口—海安南	海安南
海南西环线	海口—三亚	三亚
昌八支线	昌感—八所	八所
叉石支线	叉河—石碌	石碌
漳龙线	琥市—龙川	龙川
畲汕线	畲江—汕头	汕头
平南线	坂田—蛇口	蛇口
黄埔线	吉山—鱼珠	吉山
广珠货线下行	江村—江门南	江门南
广珠货线上行	江门南—江村	江村
广珠货线	江门南—高栏港	高栏港

2. 设备方位：左侧或右侧

以面向车站作为被检测房建设备的参照物，用来确定房建设备是位于线路的左侧或右侧。

3. 曲线方向：左或右

以面向车站作为被检测房建设备的参照物，用来确定曲线方向是向左或向右。

4. 曲线内外侧：内侧或外侧

以曲线方向是靠近还是离开房建设备来确定设备是位于轨道内侧还是外侧，曲线方向离开房建设备为外侧，靠近房建设备为内侧。

在上、下行线路上，设备位于曲线线路的内侧还是外侧，不会随面向的车站变化而变化，但设备位于线路的左侧或右侧及曲线方向则会随面向的车站变化而变化。

第二节　日常管理

限界应实行动态化管理。房建单位要按照管理权限、专业分工，专人负责，加强与工务、车务、货运等单位联系沟通，建立共同维护机制，确保限界处于正常状态，保证满足安全运输需求。

一、限界检测

限界检测分为定期检测、专项（应急）检测。

1. 检测范围

直线区段距离线路中心左右两侧各 2 600 mm，曲线区段距离线路中心两侧各 3 300 mm，高度 6 000 mm 以内的所有房建设备，包括天桥、站台、雨棚、股道间的柱子（包括雨棚柱、站房结构柱等）、站台上防护栏杆、道口房、岗亭、四电房、站区围墙等房建设备。对于建筑限界高度要求大于 6 000 mm 的线路，按限界要求高度测量。

2. 检测频次

（1）高站台（含旅客、货物）每半年不少于一次；正线、曲线上的房建设备每半年不少于一次；其他房建设备每年不少于一次。对确因客观原因造成侵限且短期内无法整治的站台、雨棚等限界检测每季度不少于一次。

（2）新投入运营的限界从运营之日起半年内每月测量一次，若测量数据稳定，按照上述（1）执行。

（3）每年春运前对客运服务限界情况进行一次全面检查；每年春季检查，对限界进行一次全面检测。

（4）工务单位及其他单位在邻近站台施工、维修作业时，进行专项（应急）检测。

（5）极端灾害环境下，如地震等应即时进行专项（应急）检测，并采取安全措施。

（6）设备发生变形、沉降、水平位移等情况时，应随时进行专项（应急）检测，并采取技术监测措施。

3. 检测点设置

限界应建立定点检测、点间观测的监控制度。

（1）雨棚检测

雨棚检测为檐口下缘外边点，直线部分雨棚每 40 m 设置一个检测点，曲线部分雨棚每 10 m 设置一个检测点，对突变位置必须选择最不利点适当增加检测点密度，且不大于雨棚 5 m 设置一个检测点。

（2）站台检测

站台检测为站台面外边点及站台墙突变点，直线部分站台每 20 m 设置一个检测点，曲线部分站台每 5 m 设置一个检测点，对突变位置必须选择最不利点适当增加检测点密度，且不大于站台 2 m 设置一个检测点。对站台端部斜坡起点、有效站台起止点、曲线特征点［包括直缓点（缓直点）、缓圆点（圆缓点）、直圆点（圆直点）等］、曲线检测特殊点［包括直缓点（缓直点）向直线段方向 22 m 点、缓和曲线中点、缓和曲线中点向直线段方向 13 m 点、直圆点（圆直点）向直线段方向 4 m 点、直圆点（圆直点）向直线段方向 22 m 点、曲线起止点等］必须测量。考虑到列车回送的要求，对于有台阶的站台，从轨面以上，在有台阶地方，都要测两个水平值，高度值对应填写。

（3）站台间距检测

相邻站台间距测量，每 40 m 设置一个检测点（可利用站台限界检测点），站台伸缩缝位置必须测量。房建、工务单位对既有站台均需共同进行一次初始的相邻站台间距测量，并填写、签认"相邻站台间距检测记录表"。

(4)临靠股道雨棚柱、结构柱检测

限界图限界值变化点是必须测量点,有柱墩的,柱墩位置也是必须测量点,测量高度至限界图的最高点。测量点取点参考:距轨面高 350 mm 点、1 100 mm 点、1 250 mm 点、3 000 mm 点、3 980 mm 点、4 500 mm、4 900 mm 点、5 500 mm 点,5 500~8 000 mm 范围内根据现场实际选择测量点。以上取点范围内若有突变或不利点加密测量。若有异形柱,根据实际情况选择测量点。

(5)站台上及站台旁防护栏杆检测

测量取点按照防护栏杆长度和不利点位置,每 1 m 或 2 m 设置一个测量点,侵限的适当加密测量。平行于线路设置的防护栏杆需单独设置限界检测记录表。位于站台端部的防护栏杆限界记录可在该站台限界检测记录表内填写,如站台防护栏杆距轨道中心距离超过 2 600 mm(曲线 3 300 mm),需在限界检测记录表附注栏内说明。

(6)房屋检测

房屋在距轨面高度 350(不含)~1 100 mm(含)、1 100~1 210 mm(含)、1 210~3 000 mm(含)、建筑限界图最高处(含隔热板等)和檐板顶部外边缘的位置各测一个点。

(7)围墙等构筑物检测

股道间围墙每 40 m 设置一个检测点,曲线部分每 10 m 设置一个检测点;其他围墙每 100 m 设置一个检测点。对突变位置必须选择最不利点并适当增加检测点,对曲线特征点必须测量。在测量时发现有侵限的围墙需加密测量,确定侵限起止点。

4. 测量方式

(1)以大地为测量基准时,在垂直于线路中心线的断面内,测量建筑物和设备的内轮廓点(最近点或最高点或最低点)距两轨顶连线中点所在水平直线的高度,和其距两轨顶连线中点所在铅垂线的距离,如图 7-3 所示。

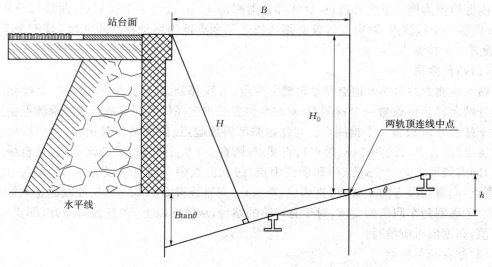

图 7-3 以大地为测量基准

B—实测建筑限界半宽,mm;H—计算点自轨面算起的高度,mm;H_0—实测建筑限界高度,mm;h—外轨超高值,mm

（2）以轨面为测量基准时，在垂直于线路中心线的断面内，测量建筑物和设备的内轮廓点（最近点或最高点或最低点）距两轨顶连线的垂直高度，和其距垂直平分两轨顶连线的直线的距离，如图7-4所示。

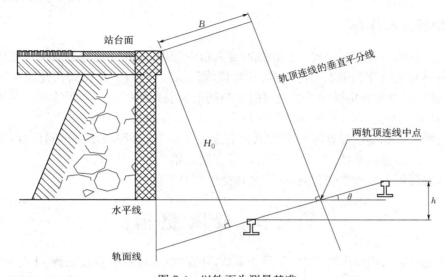

图7-4 以轨面为测量基准

B—实测建筑限界半宽，mm；H_0—实测建筑限界高度，mm；h—外轨超高值，mm

二、限界测量流程

1. 准备测量工具

限界测量尺、卷尺、皮尺、吊锤、水平尺、激光测距仪等。

2. 等待下道作业

封锁命令下达后，待联络员与现场防护员确认后，并在现场防护员的防护下，方能下道作业。

3. 现场实测

（1）定测量点后，限界测量尺操作人员调平后，读出水平距离和竖直高度的数据，由记录人员记录，并与上次测量数据对比，变化较大时必须复测。

（2）目测房建设备，对突出点增加测量。

（3）对出现抹灰拱起或者站台帽石松动要立即处理，消除侵限隐患。

4. 测量结束清场

清点工机具和人员数量，并记录，按照相关规定销点。

5. 限界数据共同确认

现场实测限界数据与工务单位现场共同签认。

三、限界数据的复核与分析

（1）限界检测实行"谁检测、谁签字、谁负责"。

（2）工区、车间、段要组织对测量数据、测量前后变动情况、曲线加宽范围和数据、限界标准判定等进行复核,分析数据前后变动的原因,确保数据准确。

(3)车间、段主管技术人员必须准确掌握房建设备建筑限界标准,对设备是否侵限进行正确判断,并在检测表格上签认。

四、限界资料保存

(1)限界资料必须内容完整、数据准确,专人负责管理,限界变化时必须及时更新资料。

(2)限界有关设计和竣工文件资料、日常检测记录长期存档,新接管房建设备的限界资料(含共同签认的《站场房屋构筑物建筑限界检测记录表》《相邻站台间距检测记录表》《站台股道曲线要素现场签认表》),由房建单位档案室归档长期保存。

(3)定期检查和专项检查等日常检测的有关记录资料,原件当年由车间保存,工区存复印件;年末交段房建科存档,车间存复印件,保存期5年。

(4)档案管理人员发生变化时,必须办理交接记录手续。

第三节 侵限整治

(1)发现建筑限界侵限时,须立即通知车站,并在"行车设备检查登记簿"上登记,明确行车条件,车站值班员(车务应急值守人员)应及时向列车调度员汇报;危及行车安全时,要及时采取封锁线路等有效措施;房建单位和工务单位立即共同分析原因,因站台本身结构变形造成侵限,由房建单位立即整改;因整修线路、拨道、抬道、落道或其他原因引起线路变化造成侵限,由工务单位立即整改。整改完毕须由房建、工务单位共同签字确认限界达标后,方可登记销号。

(2)侵限整治要严格执行《铁路营业线施工安全管理办法》有关规定,进行天窗作业或封锁作业,严禁偷点作业。

(3)建筑限界隐患未整治到位前,遇动车图定径路变化或新型机车、车辆上线运行的情况,运输、车辆、机务部门须提前正式电报通知管辖途经各站房建设备的房建单位,房建单位应立即组织对相应站台、雨棚等房建设备进行限界检查,确认通行条件。

(4)对确因客观原因造成侵限的站台、雨棚等房建设备,且短期内无法整治的,房建单位要及时将具体情况(形成原因、目前状况、运输限制条件、整治方案建议等)及安全保障措施,以书面形式通知相关运输、工务单位,并报土地房产部。

第八章　突发事件应急处置

第一节　应急处置内容

应急处置是指突发事件发生后，为尽快控制和减缓突发事件造成的危害和影响，依据有关应急预案，采取应急行动和有效措施，控制事态发展或者消除突发事件的危害，最大限度地减少突发事件造成的损失，保护公众的生命和财产安全的过程及其活动。

一、应急处置的原则

1. 以人为本，减少危害

房建设备突发事件应急工作要全力以赴，以保障人民群众生命财产安全作为应急的首要任务，科学指挥，最大限度减少人员伤亡与对行车的危害，防止次生事件和灾害发生。

2. 加强领导，应急有备，反应迅速

各房建单位要建立健全应急管理体系，成立应急处置领导小组，明确段相关领导、科室、车间职责权限，落实岗位责任制，编制段、车间、班组三级应急预案，储备一定数量应急材料，经常性组织应急演练，做到统一指挥、统一协调，密切配合、形成合力。

3. 统筹资源，集约高效

各房建单位要统筹整合现有资源，充分利用政府、地方企业现有应急资源，做到资源共享、信息共享、集约高效。在确保运输安全前提下，认真研判可能造成的安全风险，根据风险程度科学确定处置方案。对于确实危及行车安全的要立即采取停电措施；对于可通过防护措施维护使用的，要采取可靠措施，安排在天窗内整治，尽量减少对运输的影响。

二、常见的突发事件

1. 房建设备故障

(1)房建设备结构突然发生变化，影响行车和人身安全。

(2)站房和站台雨棚屋面板、吊顶板、封檐板、灯具和站台下侧挡水板、吸音板以及高架站房线路和站台上方的构件松动、开裂、变形和脱落。

(3)候车室、旅客进出站通道、楼梯等旅客流线范围的玻璃幕墙(构件)、吊顶板和跨线天桥的所有构件以及位于高处的墙面(顶棚、檐口)装饰板材等构件松动、开裂、变形和脱落。

(4)房建设备侵入限界。

(5)四电用房漏雨，影响行车设备安全。

(6)站内用于封闭的实体围墙、四电房屋、综合维修工区、生活区的围墙垮塌。

(7)地下车站站场排水系统(含水泵、排水管路)故障造成大量积水。

2. 其他突发事件

(1)洪水、泥石流、塌方、地震、冰雹、雪等自然灾害导致房建设备故障,导致影响行车、人身安全,如雨水倒灌使旅客地道被淹(如图 8-1 所示)、山体滑坡冲击房屋(如图 8-2 所示)等。

(2)其他影响行车、人身安全房建设备突发事件。

图 8-1　旅客地道因雨水倒灌后被淹

图 8-2　突发山体滑坡冲击房屋

第二节　应急处置的程序

房建设备故障、自然灾害等突发事件应急处置按以下三种程序办理:

一、接到列车调度员(车站值班员)等其他单位或人员的设备故障、自然灾害通知时

(1)当土地房产部处应急值班人员接到集团应急办等部门的设备故障或自然灾害信息时,要立即向值班领导汇报,并通知房建单位应急值班人员。房建单位应急值班人员要立即向值班领导汇报,按相关程序启动应急预案。土地房产部处安排人员或指定房建单位安排人员到车站(调度所)驻站(所)联络。当车间(工区)应急值班人员接到车站值班员设备故障、自然灾害通知时,应向房建单位应急值班人员汇报,并指派驻站(调度所)联络员、确定作业负责人。

(2)房建单位领导要及时组织车间(工区)人员,携带相应应急抢修机具材料赶赴现场进行抢修。

(3)房建设备发生故障、自然灾害时,驻站联络员根据作业负责人的报告在《行车设备检查登记簿》内进行登记。

(4)作业负责人接到调度命令并与驻站(所)联络员核实后,立即组织上线检查和故障、自然灾害处置,向驻站(所)联络员报告现场情况,并向房建单位应急值班人员汇报。报告的主要内容有:

①作业负责人姓名、职务。

②故障或自然灾害的区间、行别、里程(××公里××米,或者车站名、股道编号)。

③故障或自然灾害的主要情况及影响范围。

④故障或自然灾害的处置方案。

(5)故障、自然灾害处置后,由作业负责人向驻站(所)联络员报告处理情况和放行列车条件(需封锁或限速开通线路时,应报告封锁或限速的区间、行别、起止里程、放行列车速度等),并向房建单位应急值班人员汇报。封锁或限速期间房建单位应派专业技术干部现场值守。

(6)驻站(所)联络员按作业负责人确定的放行列车条件(包括送电时间)在"行车设备检查登记簿"内登记。

(7)房建单位应急值班人员将故障、自然灾害处置情况按设备故障速报和设备故障报告要求的内容报土地房产部。

二、房建人员在巡检作业过程中发现设备故障或自然灾害影响行车、人身安全,需要申请天窗计划或临时要点处置时

1. 发现隐患苗头

(1)巡检人员巡查发现松动等隐患苗头时,要做好记录,并通知工区和车间;车间要通知本单位值班室;房建单位值班室要及时报告值班领导和主管领导。

(2)巡检人员对隐患部位密切盯控,房建单位要尽快申请天窗计划,组织进行整治,对其他部位进行全面排查,消除安全隐患,做好有关图文、照片资料归档,并详细写实记录。

2. 发现脱落隐患

(1)巡检人员巡查发现有脱落危险情况时,要立即报告车站值班员(列车调度员)和本单位调度值班室,对隐患部位密切盯控。房建单位调度值班室要立即报告值班领导和主管领导。房建单位立即指派驻站(调度所)联络员、确定作业负责人。

(2)房建单位主管领导要立即赶赴现场,同时组织应急抢险队携带相关工机具赶赴现场进行抢险排危,驻站(所)联络员根据作业负责人的报告在"行车设备检查登记簿"内进行登记,按照"先排危、再通车、后修复"的原则,先确保设备满足安全行车条件,把对行车的影响降到最低。

(3)隐患处置后,由作业负责人向驻站(所)联络员报告处理情况和放行列车条件(需封锁或限速开通线路时,应报告封锁或限速的区间、行别、起止里程、放行列车速度等),并向房建单位应急值班人员汇报。封锁或限速期间房建单位应派专业技术干部现场值守。

(4)驻站(调度所)联络员按作业负责人确定的放行列车条件(包括送电时间)在"行车设备检查登记簿"内登记。

(5)房建单位应急值班人员将故障、自然灾害处置情况按设备故障速报和设备故障报告要求的内容报土地房产部。

(6)通车后,在不影响行车的前提下,及时申请天窗计划对设备进行修复。

(7)做好有关图文、照片资料归档,并详细写实记录。

3. 发现脱落

(1)巡检人员巡查发现有脱落情况时,要立即报告车站值班员(列车调度员)和本单位调度值班室。房建单位调度值班室要立即报告值班领导和单位主要负责人。房建单位立即指派驻站(调度所)联络员、确定作业负责人。

(2)巡检人员在运输部门的统一指挥下,立即参加抢险排危工作。

(3)房建单位主要领导要立即赶赴现场,同时组织应急抢险队携带相关工机具赶赴现场进行抢险排危,驻站(所)联络员根据作业负责人的报告在"行车设备检查登记簿"内进行登记,按照"先排危、再通车、后修复"的原则,先确保设备满足安全行车条件,把对行车的影响降到最低。

(4)房建单位主要领导要立即报告土地房产部负责人,同时,房建单位调度值班室要立即将房建突发事件(设备故障)按设备故障速报要求的内容报土地房产部值班人员、集团值班室(应急办)。

(5)故障处置后,由作业负责人向驻站(所)联络员报告处理情况和放行列车条件(需封锁或限速开通线路时,应报告封锁或限速的区间、行别、起止里程、放行列车速度等),并向本单位应急值班人员汇报。封锁或限速期间房建单位应派专业技术干部现场值守。

(6)驻站(调度所)联络员按作业负责人确定的放行列车条件(包括送电时间)在"行车设备检查登记簿"内登记。

(7)房建单位应急值班人员将故障、自然灾害处置情况按设备故障报告要求的内容报土地房产部。

(8)通车后,在不影响行车的前提下,及时申请天窗计划对设备进行修复。

(9)做好有关图文、照片资料归档,并详细写实记录。

三、房建人员在巡检作业过程中发现设备故障、自然灾害,不影响行车、人身安全,不需申请天窗计划或临时要点处置时

1. 发现隐患苗头

(1)巡检人员巡查发现松动等隐患苗头时,要做好记录,并通知工区和车间,车间要通知本单位调度值班室,调度值班室要及时报告主管领导。

(2)对隐患部位密切盯控,房建单位要尽快组织进行整治,对其他部位进行全面排查,消除安全隐患,做好有关图文、照片资料归档,并详细写实记录。

2. 发现脱落隐患

(1)巡检人员巡查发现有脱落危险情况时,要立即报告使用单位和本单位调度值班室,并对隐患部位密切盯控,房建单位调度值班室要立即报告值班领导和主管领导。

(2)房建单位主管领导(或指定有关人员)要立即赶赴现场,同时组织应急抢险队携带相关工机具赶赴现场进行抢险排危。

(3)做好有关图文、照片资料归档,并详细写实记录。

3. 发现脱落

(1)巡检人员巡查发现有脱落情况时,要立即报告使用单位和本单位调度值班室,调度值班室要立即报告主要负责人。

(2)巡检人员在本单位主要负责人的统一指挥下,立即进行抢险排危工作。

(3)房建单位主要负责人(或指定主管领导)要立即赶赴现场,同时组织应急抢险队携带相关工机具赶赴现场进行抢险排危,及时对设备进行修复。

(4)房建单位主要负责人要立即报告土地房产部负责人,房建单位调度值班室按设备故

障速报要求报土地房产部。

(5)做好有关图文、照片资料归档,并详细写实记录。

4. 发现房建设备有倒塌危险

(1)巡检人员发现房建设备倒塌危险时,要立即通知使用单位停止使用,对现场进行防护、警示,并迅速报告本单位调度值班室,调度值班室要立即报告主要负责人。

(2)房建单位主管领导(或指定有关人员)要立即赶赴现场,同时组织应急抢险队携带相关工机具赶赴现场,立即确定方案进行抢险排危整治。

(3)做好有关图文、照片资料归档,并详细写实记录。

5. 发现房建设备倒塌

(1)巡检人员发现有倒塌时,要迅速报告使用单位和本单位调度值班室,并对现场进行防护、警示,调度值班室要立即报告主要负责人。

(2)巡检人员在确保自身安全的前提下,立即进行抢险救援工作。

(3)房建单位主要负责人要立即报告土地房产部负责人,房建单位调度值班室将设备损坏情况按设备故障速报要求报土地房产部。

(4)房建单位主管领导(或指定有关人员)要立即赶赴现场,同时组织应急抢险队携带相关工机具赶赴现场,立即确定方案进行抢险排危。

(5)做好有关图文、照片资料归档,并详细写实记录、归档。

第三节　防洪与恶劣天气应急措施

恶劣天气包括台风、大风、暴雨、暴雪、冰雹等各种自然条件。

管内房建设备突发主排水沟堵塞、危树倒伏、地下车站排水倒灌、山体滑坡、泥石流等洪雨灾害或雨棚屋面板、装饰板、沿线轻质屋面板房被风揭等事件,必须要全力以赴,以最快的速度按照"先排危、再通车、后修复"的原则进行处置。

一、恶劣天气的预警信号标准

1. 台风预警信号根据逼近时间和强度分四级,分别以蓝色(Ⅳ级)、黄色(Ⅲ级)、橙色(Ⅱ级)和红色(Ⅰ级)表示。

2. 大风(除台风外)预警信号分四级,分别以蓝色(Ⅳ级)、黄色(Ⅲ级)、橙色(Ⅱ级)和红色(Ⅰ级)表示。

3. 暴雨预警信号分四级,分别以蓝色(Ⅳ级)、黄色(Ⅲ级)、橙色(Ⅱ级)和红色(Ⅰ级)表示。

4. 暴雪预警信号分四级,分别以蓝色(Ⅳ级)、黄色(Ⅲ级)、橙色(Ⅱ级)和红色(Ⅰ级)表示。

二、防洪与恶劣天气应急响应启动权限

防洪、恶劣天气应急响应的启动权限:Ⅰ、Ⅱ级应急响应由集团公司防洪指挥部启动,Ⅲ、Ⅳ由各房建单位防洪、恶劣天气应急领导小组批准启动并报土地房产部备案。

三、恶劣天气房建设备应急检查项目

防洪、恶劣天气应急响应的启动后,房建单位应按不同灾害项目对不同的房建设备进行研究检查,见表 8-1。

表 8-1　恶劣天气房建设备应急检查项目

灾害项目	检查部位	检查项目	检查时间		
			一类	二类	三类
6级风及以上	所有室外构件	全面检查	之前检查、过程盯控、之后复查	之前检查、之后复查	之后复查
冰雹	屋面、墙面、封檐等室外构件	全面检查	之后检查	之后检查	之后检查
强降雪	大结构屋面(跨度大于60 m)、斜拉索、积雪重量是否超过设计值、冰挂等	全面检查	过程盯控,达到设计荷载,及时采取措施	达到设计荷载,及时采取措施	达到设计荷载,及时采取措施
暴雨	金属屋面	密封胶、密封胶条、加固部位、出屋面节点、排水等部位	雨前检查	—	—
	排水系统	排水能力	过程盯控	之后检查	之后检查

四、防洪与恶劣天气应急响应行动

防洪、恶劣天气应急响应的启动后,相关单位和部门按预警级别不同,采取相应的响应行动,见表 8-2。

表 8-2　防洪与恶劣天气应急响应行动

级别部门	接到防洪与恶劣天气信息预警后			
	Ⅰ级(红色)	Ⅱ级(橙色)	Ⅲ级(黄色)	Ⅳ级(蓝色)
土地房产部	1. 主要领导立即进入指挥岗位,部署抢险工作,检查各项防御措施的落实情况 2. 主管领导在岗值班,指挥落实防范各项措施;检查段应急响应和预案的启动情况以及段落实工作准备情况 3. 安排干部(科、所、办)现场检查,督促各项防范措施落实到位 4. 值班干部通过视频系统或电话密切关注现场值守、巡检情况		1. 主管领导要立即部署应急工作,明确防御目标和重点,组织指挥抢险救灾工作 2. 值班干部值班留守,检查段应急响应和预案的启动情况以及段落实应急工作准备情况 3. 值班干部通过视频系统或电话抽查现场值守情况	

续上表

级别 部门	接到防洪与恶劣天气信息预警后			
	Ⅰ级(红色)	Ⅱ级(橙色)	Ⅲ级(黄色)	Ⅳ级(蓝色)
站、段	1. 主要领导立即进入指挥岗位,召开紧急会议,根据上级要求启动应急响应和预案,部署抢险应急工作,检查各项防御措施的落实情况;在调度值班室进行盯控,掌握现场情况 2. 主管领导靠前指挥,检查各项抢险工作的落实情况 3. 包保干部接令后于6 h内到达现场进行包保值守,现场落实各项防范措施 4. 调度值班室密切监视天气情况,及时预报、预警;通过视频系统或电话密切关注现场值守、巡检情况,并将应急情况每隔2 h报土地房产部值班干部		1. 主要领导立即部署应急工作,明确防御目标和重点,及时发布应急工作命令,组织指挥抢险救灾工作 2. 主管领导及时启动应急响应和预案,在岗值班,组织人力、物力做好抢险救灾准备,部署各项工作 3. 包保干部接令后于6 h内到达现场进行包保值守,现场落实各项防范措施 4. 调度值班室密切监视天气情况,及时预报、预警;通过视频系统和电话密切关注现场值守、巡检情况,并将现场情况每隔4 h报土地房产部值班干部	
车间 工区	1. 车间、工区要全员留守,处于临战状态,车间主要负责人靠前指挥,抢险人员、机具、材料运送到指定地点待命,准备就绪后向调度值班室报告 2. 现场值守人员24 h值守,加强对设备的巡查 3. 停止室外施工、维修作业,并清理现场,做好安全防控 4. 每隔1 h向调度值班室报告现场情况		1. 车间、工区要半员留守,处于临战状态,车间主要负责人靠前指挥,抢险人员、机具、材料处于待命状态,准备就绪后向调度值班室报告 2. 现场值守人员24 h值守,加强对设备的巡查 3. 停止室外施工、维修作业,并清理现场,做好安全防控 4. 每隔4 h向调度值班室报告现场情况	

五、房建设备防洪与恶劣天气检查重点

(1)站房和站台雨棚的结构构件、屋面板、屋面玻璃、吊顶板、封檐板、檐沟以及吊顶板结构是否松动、开裂、变形以及有无脱落危险,板间连接和板与龙骨固定件有无松动、破损、变形,连接扣件有无松动,压条是否扣紧,固定螺丝是否松动,天沟是否积水。

(2)候车室、售票厅以及旅客进出站通道、雨棚、天桥玻璃构件、吊顶板、干挂石材、玻璃护栏,特别是位于线路上方的吊顶板、外墙玻璃、天桥栏板、干挂石材和卷闸门等构件是否松动、开裂、变形以及有无脱落危险。

(3)站台墙、站台帽(含抹灰等)是否变形、松动、开裂及有无脱落危险,建筑限界是否变化。

(4)有行车设备的机械室(信号楼内的综控室、行车监控室、通信机械室、信号机械室等)、售票厅、票据间、配电室、消防控制室等功能用房是否存在漏水。

(5)四电房屋是否漏水,挡墙、护坡、围墙是否有垮塌危险。

(6)排水设施是否通畅。

(7)其他重要房建设备。

六、防洪与恶劣天气应急响应结束

当台风、大风、暴雨、暴雪等恶劣天气已经减弱,对管内房建设备威胁已停止,或台风已转方向不在管内范围登陆,不会对管内房建设备造成威胁时,按原批准应急启动的权限,各单位可视情况宣布防洪、恶劣天气应急响应结束。

七、应急保障

(1)相关单位、部门必须健全值班制度和明确工作职责。

(2)各房建单位应组建抢修队伍,同时要建立先期处置队伍、后续抢修队伍、增援队伍的组织保障方案,必要时联系原施工单位安排人员到现场值班,做到抢修人员有保障。

(3)各房建单位应根据房建设备实际统一规划,按车间、工区、车站分等级配置必要的抢修工具(抽水泵、潜水泵、挡水板、水带等)、材料(砂石、沙袋等)、设备,并存放在规定的位置,建立检查管理制度和备品明细台账,每月进行检查,确保良好,做到抢修物资有保障。

第四节　人身伤害应急处置

人身伤害主要包括生产性急性中毒、食物中毒、交通事件、高处坠落、起重伤害、自然灾害、其他伤害等造成的人身伤害事件。若发生人身伤害事件应立即拨打120急救电话,并做好相应的应急处置。

一、常见人身伤害及应急处置措施

1. 因物致伤

如发生致害物明确、无发生群伤事件的可能,且不影响运行设备正常运行的事件(如物体打击、起重伤害、车辆伤害、倒杆塔等)时,应根据现场实际情况,维护正常的生产运行,同时根据需要在事件现场设置隔离,并指派人员到现场进行巡视,防止运行设备受到影响。救援工作中根据事件实际情况,采取措施,尽快控制致害物的状态,在尽量保护事件现场的前提下,使其恢复至无害状态。

2. 创伤急救

(1)抢救前先使伤员安静躺平,判断全身情况和受伤程度(如有无出血、骨折和休克等)。

(2)体表出血时应立即采取止血措施,防止失血过多而休克。

(3)为防止伤口感染,应用清洁布片覆盖。救护人员不得用手直接接触伤口,更不得在伤口内堵塞任何东西或随便用药。

(4)搬运时应使伤员平躺在担架上,腰部束在担架上,防止跌下。平地搬运伤员时头部在后,上楼、下楼、下坡时头部在上,搬运中应严密观察伤员,防止伤情突变。

(5)伤口出血呈喷射状或涌出鲜红血液时,立即用清洁手指压迫出血点上方(近心端),使血液中断,并将出血肢体抬高或举高,以减少出血量。

(6)对四肢动脉出血,用绷带或三角巾勒紧止血时,可在伤口上部用绷带或三角巾叠成带状勒紧止血(第一道绑扎做垫,第二道压在第一道上面勒紧)。

3. 中毒

组织专业人员迅速判断引起中毒的有毒物质,及时向医疗救护人员提供相关信息,以便医疗救护人员准确施救。救援工作中要保证救援人员正确佩戴个体防护用品(如防毒面具等),再实施救援,救援过程要设专人监护、指挥。

4. 骨折

(1)肢体骨折可用夹板或木棍、竹竿等将断骨上、下方两个关节固定,也可利用伤员身体进行固定,避免骨折部位移动,以减少疼痛,防止伤势恶化。开放式骨折且伴有大出血者,先止血,再固定,并用干净布片覆盖伤口,然后速送医疗救护部门救治,切勿将外露的断骨退回伤口内。在发生肢(指)体离断时,最好在低温(4℃)干燥保存,切忌用任何液体浸泡。

(2)若怀疑伤员有颈椎损伤,在使伤员平卧后,可用沙土袋(或其他代替物)放置头部两侧使颈部固定不动。必须进行口对口呼吸时,只能采用抬颊使气道通畅,不能再将头部后仰移动或转动头部,以免引起截瘫或死害。

(3)腰椎骨折应将伤员平卧在平硬木板上,并将腰椎躯干及两侧下肢一同进行固定,预防瘫痪,搬动时应熟人合作,保持平稳,不能扭曲腰部。

5. 挤压伤

(1)应尽早搬出或松解挤压处,并尽快将伤员移交安全地带。

(2)有伤口时应包扎伤口,怀疑有骨折时或肢体肿胀时,予以夹板超过关节固定。

6. 触电伤害

触电伤害首先要使触电者迅速脱离电源。

(1)对于低压触电,立即拉开电源开关或拔下电源插头;如果触电地点附近没有电源开关或插头,可用有绝缘手柄的电工钳、干燥的木棍等切断电源;如果电线在触电者身上或身下,可以用木棍、木板等绝缘工具拉开提高或挑开电线使触电者脱离电源,切不可直接去拉触电者。

(2)对于高压触电,立即通知有关部门停电,戴上绝缘手套,穿上绝缘鞋,用相应等级的绝缘工具,按顺序拉开开关;用高压绝缘杆挑开触电者身上的电线;触电者如果在高空作业触电,断开电源时,要防止触电者摔下造成二次伤害。

(3)如触电者伤势不重,神志清醒,但有些心慌,四肢麻木,或昏迷后清醒,应让伤者安静休息,观察送医院。

(4)如伤势较重,有心跳和呼吸,抬至空气流动的地方,让其平躺,头比肩稍低,要迅速送往医院;如伤者呼吸或心跳停止,或二者都停止,通常是假死,就应立即进行口对口人工呼吸和心脏按压进行抢救,并送往医院;对于触电伤害的假死患者要迅速持久地进行抢救,只有经过医生鉴定死亡后才停止抢救。

7. 溺水

(1)发现有人溺水应设法迅速将其从水中救出,呼吸心跳停止者用心肺复苏法坚持抢救。

(2)口对口人工呼吸因异物阻塞发生困难,且又无法用手指除去时,可用两手相叠,置于脐部稍上正中线上(远离剑突)迅速向上猛压数次,使异物推出,但也不可用力太大。

8. 高温中暑

发现有高温中暑者,应立即将中暑者从高温或日晒环境中转移到阴凉避风处休息。用凉水擦浴,湿毛巾覆盖身体,电扇吹风,或在头部置冰袋等方法降温,并及时给中暑者口服盐水。严重者送医疗救护部门治疗。

9. 有害气体中毒

(1)怀疑可能存在有害气体时,应立即将人员撤离现场,转移到通风良好处休息,抢救人员应在做好自身保护(如现场毒物浓度很高应戴防毒面具)后,才能执行施救任务,将中毒者转移到空气新鲜处。

(2)对已昏迷中毒者应保持气道通畅,解开领扣、裤带等束缚,注意保温或防暑,有条件时给予氧气吸入。呼吸心跳停止者,应立即进行心肺复苏,并联系医疗救护部门救治。

(3)迅速查明有害气体的名称,供医疗救护部门及早对症治疗。

(4)护送中毒者要取平卧送,头稍低并偏向上侧,避免呕吐物进入气管。

二、常用急救方法

1. 人工呼吸

(1)使病人呈仰卧位状态,头部后仰,以保持呼吸道通畅,如图8-3(a)所示。

(2)在进行口对口吹气前,要迅速清理病人口鼻内的污物、呕吐物,有假牙的也应取出,以保持呼吸道通畅;同时,要松开其衣领、裤带、紧裹的内衣、乳罩等,以免妨碍胸部的呼吸运动,如图8-3(b)所示。

(3)救护人跪在一侧,一手托起其下颌,然后深吸一口气,再贴紧病人的嘴,严实合缝的将气吹入,造成吸气。为避免吹进的气从病人鼻孔逸出,可用另一只手捏住病人的鼻孔,吹完气后,救护人的嘴离开,将捏鼻的手也松开,并用一手压其胸部,帮助病人将气体排出。如此一口一口有节率地反复吹气,每分钟16~20次,直到伤病员恢复自主呼吸或医院确诊死亡为止,如图8-3(c)所示。

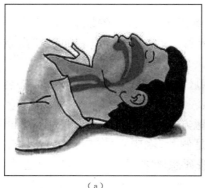
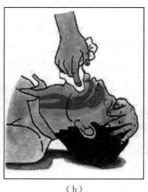

（a） （b） （c）

图8-3 人工呼吸

(4)如果遇到伤病员牙关紧闭,张不开口,无法进行口对口人工呼吸时,可采用口对鼻吹气法,方法和口对口吹气法相同。

(5)如被救人是儿童或体格较弱者,吹气力量要小些,反之要大些。一般以气吹进后,病人的胸部略有隆起为度。如果吹气后,不见胸部起伏,可能是吹气力量太小,或呼吸道阻塞,这时应再进行检查。

(6)口对口吹和体外心脏按压要同时进行。

2.心肺复苏

(1)意识的判断:喊话并拍其肩膀,是否有反应。

(2)检查呼吸:观察病人胸部起伏5～10 s。

(3)呼救、向旁边人呼救,提示旁人拨打120求救电话。

(4)判断是否有颈动脉搏动:用右手的中指和食指从气管正中环状软骨划向近侧颈动脉搏动处,判断是否有搏动。

(5)松解衣领及裤带。

(6)胸外心脏按压:两乳头连线中点(胸骨中下1/3处),用左手掌跟紧贴病人的胸部,两手重叠,左手五指翘起,双臂深直,用上身力量用力按压30次(按压频率至少100次/min,按压深度至少125px)。

(7)打开气道:仰头抬颌法。口腔无分泌物,无假牙。

(8)人工呼吸:应用简易呼吸器,一手以"CE"手法固定,一手挤压简易呼吸器,每次送气400～600 mL,频率10～12次/min(无简易呼吸器采取人工呼吸)。

(9)持续2 min的高效率的CPR:以心脏按压:人工呼吸＝30:2的比例进行,操作5个周期(心脏按压开始送气结束)。

(10)判断复苏是否有效(听是否有呼吸音,同时触摸是否有颈动脉搏动)。

心肺复苏操作如图8-4所示。

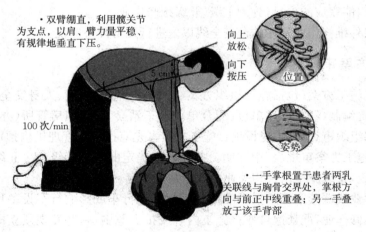

图8-4 心肺复苏操作流程

第九章 安全管理

第一节 施工安全

一、铁路房建类施工的分类

铁路房建类施工均指纳入房建设备单位管理的房建设备施工和维修作业项目。施工作业具体内容分营业线施工、邻近营业线施工、维修天窗作业及天窗点外维修作业四类。

(1)铁路营业线施工是指影响营业线设备稳定、使用和行车安全的各种施工作业,按组织方式、影响程度分为施工和维修两类,分Ⅰ、Ⅱ、Ⅲ级施工。

(2)邻近营业线施工是指在营业线两侧一定范围内,新建铁路工程、既有线改造工程及地方工程等影响或可能影响铁路营业线设备稳定、使用和行车安全的施工作业,分A、B、C三类。

(3)维修天窗作业是指作业开始前不需限速,结束后须达到正常放行列车条件,并且在维修天窗时间内能完成的项目,分为Ⅰ级、Ⅱ级维修作业。

(4)天窗点外维修作业是在站台安全线以内进行日常设备巡视。

二、施工方案审核

(1)营业线施工方案(包括施工组织方案、行车安全监控方案、人身安全监控方案)由施工主体单位负责编制,经各房建单位、配合单位与车站会签,区域房管所(办)进行初审签认后,土地房产部组织审查(其中建设项目施工方案事先应报项目管理机构预审),并初步确定施工等级,在"施工方案审批表"中注明。按照初步确定的施工等级,Ⅰ、Ⅱ级施工报集团施工协调小组审定,Ⅲ级施工由各相关业务处室共同审定。

(2)铁路营业线严禁未经申报批准擅自进行影响行车或影响行车设备稳定与使用的房建设备施工、维修作业,严禁擅自变更施工内容或扩大范围,一经发现须立即停工并追究施工单位责任。

(3)邻近营业线施工方案审批比照营业线施工方案审核流程执行。

三、施工安全协议的签订

(1)施工方案(邻近营业线施工方案)审核通过后,施工单位应与施工配合单位、房建单位和行车组织单位按施工项目分别签订施工安全协议。

(2)各房建单位在自管范围内进行维修作业,不需签订施工安全协议,但与其他相关设备管理单位、车务站段相互间须签订年度维修安全协议。其他所有施工,必须按项目与相应单位签订施工安全协议。

四、施工和维修计划管理

(1)各房建单位必须建立施工方案,施工月、日计划,邻近营业线施工安全监督计划、维修月、周、日计划,作业和配合计划的编制和审批制度,提报的方案和计划必须经本单位主管业务科室审批无误后,方可上报。对提报的方案和计划出现错误,造成不良后果的,由土地房产部提出整改意见,给予相关责任单位和责任人考核。

(2)所有天窗作业时必须有按规定批准的计划,严禁无计划擅自施工和维修作业。

五、施工和维修作业安全控制

(1)实行天窗修必须坚持"行车不施工,施工不行车"的原则。设备停用后才能进行检修作业,发现危及行车安全的设备隐患时,必须先登记停用,取得列车调度员同意并下发调度命令后,方准进行处理。

(2)天窗上道作业必须坚持双人双岗、同出同归、呼唤应答、邻线来车及时按规定距离下道,站在安全地点避车等劳动安全卡控措施。

(3)施工及配合单位应切实加强施工作业前、中、后的联系,加强施工现场监控,并建立专门的登记本进行记录。

(4)施工单位及各房建单位进行施工、维修作业,需接触网停电时,必须同时收到施工调度命令、接触网停电调度命令,并由供电人员进行验电确认接触网已停电后,方可进行施工及检修作业。

(5)施工单位及各房建单位要严格落实夜间作业安全措施,落实夜间安全防护的相关要求,按规定设置防护信号。进行夜间作业前,必须提前做好布置,保证作业人员充分休息、精力充沛,现场照明充足,照明设备不良或配备不足时,严禁进行作业。

六、施工(维修)作业安全检查

(1)各房建单位建立干部检查制度。加强对施工和维修作业(包括天窗点外维修作业)检查,明确段、业务科室、车间级检查人员检查量化标准、检查重点及各项作业安全卡控措施,实时掌握本单位辖内房建设备的施工和维修作业动态,督促岗位人员落实各项安全卡控措施。

(2)各房建单位建立抽查制度。段调度值班室要对当天施工和维修作业计划、作业进度、安全防护措施、盯控干部到岗离岗情况实时掌握并记录。

(3)区域房管所(办)要加强对房建单位营业线施工安全的检查和指导。

(4)各级检查人员发现违章施工行为,必须及时予以制止,必要时下发停工整改通知书,确保施工安全。

七、(邻近)营业线施工安全管理

(邻近)营业线施工和维修作业前施工单位(设备管理单位)必须按规定设置驻站联络员、安全监督员、防护员,驻站联络员或现场防护员不得临时调换。

1. 营业线施工中对"三员"的相关规定

(1)驻站联络员相关管理规定

①建立驻站联络员的管理制度,加强对驻站联络员的日常管理。

②施工单位(设备管理单位)应派出经培训合格、具备任职资格的胜任人员担任驻站联络工作,并持证挂牌上岗。驻站联络人员必须佩带"驻站联络员"胸牌进入信号楼。

③驻站联络员应至少于施工前 60 min,携带施工维修日计划到登记站行车室向车务值班干部报到,并报告本人担当联络工作的施工项目、施工重点、所属单位、姓名及联系方式。

④驻站联络员负责按规定办理运统 46 登销记,负责联系和盯控各类工程机械车辆的开行,并做好详细记录。

⑤驻站联络员在班前必须同施工负责人、工地防护员核对钟表时分,施工时必须准确通报列车运行车次、预告时间、本站(邻站)开车时间、邻线列车运行及双线区段反方向列车运行等情况,相互复诵确认后,在登记簿上登记。

⑥驻站联络员担任驻站联络工作时,应保持与施工现场的通信畅通。施工时应每 3~5 min 与工地防护员通话,随时掌握施工进度及工程机械的作业情况;如因故晚点不能按时开通线路时,应向车站值班员陈述原因。

⑦驻站联络员在施工(包括施工、维修及收卸料作业等,下同)期间,不得擅自离开登记所在站的行车室,不得做与本职工作无关的事情。

⑧车务值班干部和车站值班员有权对驻站联络员加强管理,驻站联络员工作期间应服从车站值班干部和车站值班员的管理,并及时在行车室"进出信号楼登记簿"上进行登记。

⑨对施工期间擅自离开工作岗位的驻站联络员,一经发现要严肃处理,并由有关车务站段及时报告集团公司运输施工协调办公室,由集团公司运输施工协调办公室安排该项施工停工整顿,并根据其所在单位的整改情况确定复工日期。

(2)施工安全监督员相关管理规定

①设备管理部门应根据工程规模和专业性质,对安全监督检查人员进行培训,并对合格人员发培训合格证。

②设备管理单位应加强对本单位派出的安全监督检查人员的日常管理。对施工单位在管内从事影响行车安全的施工,必须派出安全监督员到施工现场,对涉及行车安全的各方面实行全程监督检查。

③安全监督员应持证挂牌上岗,对施工单位施工情况实行全过程监督检查,督促施工单位落实安全责任制,并及时反馈安全信息。对施工单位违章作业、安全措施不落实应及时制止,对危及行车安全的有权停止其作业;对封锁施工要最终确认满足线路临时补修标准和放行列车条件(信、联、闭设备的施工必须通过联锁试验确认正确)后,方可申请开通;线路开通后需要慢行的地段还应对慢行速度、距离和时间进行检查,督促施工单位整修,直到列车恢复常速、线路质量稳定后方准离开。

④安全监督员发现影响行车安全的问题,必须以"施工安全整改通知书"形式书面通知施工单位负责人,如不整改或整改后仍达不到要求时,可填写"营业线施工停工通知书"。施工单位负责人必须立即处理,整改完毕并自检满足行车安全要求后,向"营业线施工停工通知书"签发人(单位)申请复工,经复查满足复工条件并签认后方可复工。

⑤安全监督员应建立日常的工程记录,每天向本单位调度汇报施工安全情况,如擅自离开岗位或监控不力造成事故的,将追究监督人员及所属单位领导责任。

(3)施工防护员相关管理规定

①施工和维修作业前必须按规定设置防护员,现场防护员不得临时调换。作业过程中,驻站(调度所)联络员与工地防护员必须保持通信畅通并定时联系,确认通信良好。一旦联控通信中断,作业负责人应立即命令所有作业人员下道。各单位应制定驻站(调度所)联络员、现场防护员及施工负责人之间的联控办法,明确通信设备管理要求,对联控时机、联控内容、联控对象、联控标准用语及复诵确认等环节进行规范。

②现场防护员应根据施工作业现场地形条件、列车运行特点、施工人员和机具布置等情况确定站位和移动路径,并做好自身防护。

③施工前应与驻站联络人员取得联系,并相互核对当日施工项目、地点(里程、股道、道岔号、信号机号、供电柱号)等,准确及时向施工负责人汇报驻站联络人员转达的有关列车运行情况、调度命令和上级指令,并用专用登记本做好记录。

④担任防护工作时,不得兼做施工员和其他工作,必须掌握列车运行时分,及时准确发出来车、下道信号,监督施工人员及时下道。

⑤必须按规定带齐防护备品,设置防护。

⑥当班时必须集中精力,认真瞭望,不得离岗和做与本职工作无关的事情。与驻站联络人员保持每3~5 min通话一次。

⑦车站向封锁区间放行两列及以上作业车时,必须掌握开行顺序和开行时分、停车作业地点,设好防护后再开车。未经施工负责人同意,不得拆除防护电话和关闭对讲机。

2. 作业安全控制

(1)参加营业线施工的劳务工必须由具有带班资格的正式职工(即带班人员)带领,不准劳务工单独上道作业。用工单位对劳务工要进行施工安全培训、法治教育和日常管理;要先培训,培训合格后方可上岗。

(2)作业开始前,驻站联络员、安全监督员、现场防护员、施工负责人须对通信工具进行检查,确认通信工具状态良好、电池电量满足作业期间的通信需求,并相互进行通话试验,确保通信畅通。

(3)邻近营业线、营业线施工进行栅栏、护坡、围墙新建整修等不影响路基(道床)稳定、不影响线桥正常使用的线下作业,每名防护员防护监控范围曲线地段不超过50 m,直线地段不超过100 m的原则设置专职防护员,并按规定在靠近线路一侧设置安全绳。

(4)防护员担任防护工作时,与作业人员,保持同侧监控,随着进度往前移动防护。防护时严禁防护员走道心、枕木头,严禁在两线间停留。

(5)施工起止过程中严格执行"工完料清"制度,对侵入铁路限界的材料、机具、临时架体要做到发现一起处理一起,对不能回收的料具,应堆放整齐、捆扎牢固,并要求施工方夜间安排人员值守,对拆除的废旧料及时回收、及时清理,确保行车安全。

(6)遇特殊情况必须离开时,防护员务必通知到现场所有作业人员停止作业,方可离开。并向驻站(调度所)联络员汇报,得到许可,方准离开,重新回岗时须通知驻站(调度所)联络员和施工负责人。

(7)对进入(邻近)营业线施工现场的各种机械设备,必须建立施工机械台账,包括设备品名型号、到场数量、性能指标等,进行编号管理,加强设备的过程监管,大型机械施工现场必须严格执行一机一人专职防护,做到"五个一"[一机、一人(专职防护)、一本(机械施工日志)、一牌(设备标识牌)、一证(机械操作证)]。

(8)遇下列情况之一不准施工:

①未成立施工协调小组。

②未召开施工预备会。

③施工负责人达不到规定的级别、资质或名实不符。

④无计划或超范围作业。

⑤施工准备工作不足。

⑥未接到列车调度员施工命令。

⑦施工配合、监督单位人员未到场。

⑧未按规定办理施工登记。

⑨施工登记内容与施工计划(含施工文、电)、运行揭示调度命令内容不符。

⑩新设备未取得准许进入国家铁路安装使用有效证明的。

⑪其他可能严重影响行车安全的情况。

八、电气化铁路区段施工通用安全措施

(1)电气化铁路区段各单位每年必须认真组织从业人员进行电气化安全措施的专门学习培训和考试,考试合格后方准在电气化铁路区段作业(考试成绩 90 分以上为合格)。非电气化铁路区段调入电气化铁路区段的作业人员必须进行安全培训,并经考试合格后方准上岗。

(2)电气化铁路区段所有接触网设备,自第一次通电开始,在未办理停电接地手续之前,均按有电对待,禁止与之接触。

(3)在电气化铁路区段进行施工维修作业的劳务工必须由具有带班资格的正式职工带领,劳务工不得单独上线作业。进行施工维修作业时劳务工不得担任防护工作,必须由经过专门培训考试合格的正式职工担任防护员。施工维修作业要严格按照规定设置现场施工安全防护,防护人员要切实履行防护职责,认真做好安全防护工作。

(4)在电气化铁路区段,巡视检查房建设备或施工维修作业时,严禁作业人员攀爬安全栅栏及私自拆卸安全防护网以及向线路旁堆放建筑垃圾。

(5)在电气化铁路区段,除专业人员按规定作业外,所有作业人员携带的物品(如长杆、高梯、电线管、限界尺等)必须与接触网设备带电部分保持 2 m 以上安全距离。

(6)电气化铁路区段,具有升降、伸缩、移动等功能的机械设备进行房建施工维修作业时,作业范围与牵引供电设备高压带电部分必须保持 2 m 以上的距离,与回流线、架空地线、保护线保持 1 m 以上距离,距离不足时,牵引供电设备须停电。

(7)电气化铁路区段内进行房建施工等作业,严禁水柱向接触网方向喷射。装卸和湿粉石灰时,应尽量远离接触网,防止破坏及降低接触网对地绝缘。

(8)电气化铁路区段进行房建施工时,发现牵引供电设备断线及其部件损坏,或发现牵引供电设备上挂有线头、绳索、塑料布或脱落搭接等异物,均不得与之接触,应立即通知附近

车站,在牵引供电设备检修人员未到达采取措施以前,任何人员均应距已断线索或异物处所10 m以外。

(9)在距接触网带电部分不足2 m的建筑物作业时,接触网必须停电,由供电部门验电和装设可靠的临时接地线,并设专人监护。作业结束,供电部门要确认所有工作人员都已进入安全地点,方可通知正式完工,办理送电手续。

(10)电气化铁路区段进行房建施工时,禁止在接触网支柱上搭挂衣物、攀登支柱或在支柱旁休息。禁止在吸流变压器下、支柱、铁塔下避雨。在雷雨天气巡视设备时,不准靠近避雷针、避雷器。雨天作业时,必须远离接触网支柱、接地线、回流线等设备。

(11)在距离接触网支柱及带电部分5 m以内的钢管、脚手架、钢梁杆、道口金属杆等金属结构上,均需装设接地线。在距接触网5 m范围内使用发电机、空压机、搅拌机等机电设备时,应有良好的接地装置。

(12)遇雨雪等天气不良情况下,禁止靠近电气化铁路区段接触网设备部件等;禁止使用带金属的雨伞等物在接触网下作业。

(13)电气化铁路区段检查维修牵引变电所房屋及附属设备时,必须与变电所负责人联系,经同意登记签认后,在变电所有关人员监护下,采取安全措施后,方准进行。

(14)在接触网带电时,严禁用竹竿及金属长大物件等测量接触网与房屋、建筑、设备的距离。

(15)在电气化铁路区段,作业人员手持木杆、梯子等工具通过接触网时,必须水平通过。

(16)在修建靠近接触网的房建设备时,严禁借助铁塔支柱搭脚手架或在铁塔支柱上下。

(17)在电气化铁路区段,进行站场雨棚施工维修或巡视检查作业时,必须在接触网停电后,方准进行。

(18)在电气化铁路区段,砍伐影响房建设备的树木时,施工负责人必须在作业前对作业人员进行安全技术交底,在办理停电手续后,方可进行。为防止树木(枝)倒落在导线上,影响行车安全,作业人员应将被砍剪的树枝倒向接触网相反的方向,作业期间设专人防护,专职防护人员必须坚持同去同归的制度,无故不得离开现场。

(19)车辆行人通过道口安全规定。

①通过道口车辆限界及货物装载高度(从地面算起)不得超过4.5 m。超过时,应绕行立交道口或进行货物倒装。

②通过道口车辆上部或其货物装载高度(从地面算起)超过2 m通过平交道口时,车辆上部及装载货物上严禁坐人。

③行人持长大、飘动等物件通过道口时,不得高举挥动,应与牵引供电设备带电部分保持2 m以上距离。

第二节　劳动安全

一、劳动防护用品

劳动防护用品是指从业人员在生产作业过程中为避免、减轻事故伤害和职业危害,配备的个人劳动防护用品、防护装备。常见劳动防护用品是安全帽、安全带(绳)、安全网。

各车间班组必须每月对配置的公用防护用品用具进行一次安全检查,发现有危及人身安全的护具,要立即停止使用并做好记录。各单位职能部门每半年对安全帽、安全带(绳)、单(双)梯进行一次安全性能鉴定,发现达不到安全使用要求的护具,立即封存停止使用,按报废处理,确保作业人员使用安全。

1. 安全帽使用注意事项

(1)选用经有关部门检验合格的安全帽。

(2)使用戴帽前先检查外壳是否破损,有无合格帽衬,帽带是否齐全,如果不符合要求立即更换。

(3)调整好帽箍、帽衬(4~5 cm),系好帽带。

(4)严禁将安全帽当凳子坐。

(5)安全帽不要直接用水清洗,应用湿手巾或布擦洗。

2. 安全带(绳)使用注意事项

(1)选用经有关部门检验合格的安全带(绳),并保证在使用有效期内。

(2)安全带(绳)严禁打结、续接。

(3)使用中,要可靠地挂在牢固的地方,高挂低用,且要防止摆动,避免明火和刺割。

(4)2 m 以上的悬空作业,必须使用安全带(绳)。

(5)在无法直接挂设安全带(绳)的地方,应设置挂安全带(绳)的安全拉绳、安全栏杆等。

(6)金属件(半圆环、圆环、8字环、品字环、搭钩等)变形、闭锁装置失效时,不得使用。

(7)利用安全带(绳)进行悬挂作业时,不能将挂钩直接钩在安全带(绳)上,应钩在安全带(绳)的挂环上。

(8)使用同一类安全带(绳),各部件不能擅自更换。

3. 安全网使用注意事项

(1)要选用有合格证的安全网;使用前必须按规定到有关部门检测、检验合格,方可使用。

(2)安全网若有破损、老化应及时更换。

(3)安全网与架体连接不宜绷得太紧,系结点要沿边分布均匀、绑牢。

(4)立网不得作为平网使用。

(5)立网必须选用密目式安全网。

二、有限空间作业

有限空间是指在密闭或半密闭,进出口较为狭窄,未被设计为固定工作场所,自然通风不良,易造成有毒有害、易燃易爆物质积聚或氧含量不足、受到限制、约束的空间。有限空间作业是指作业人员进入有限空间实施的作业活动。地下有限空间包括地下管道、地下室、地下仓库、地下工事、暗沟、隧道、涵洞、地坑、废井、地窖、化粪池、下水道、沟、阀门井、污水集水井、储水池、建筑孔桩、地下电缆沟、冷库等内部空间。地上有限空间包括储藏室、垃圾站、封闭车间、试验场所、烟道等。有限空间作业主要遵循以下规定:

(1)在有限空间作业时,应遵守"先通风、再检测、后作业"的原则,执行有限空间作业安全有关规定,采取有效防护措施,确保人身和设备安全。

（2）从事有限空间作业的特种作业人员需持有相应的资格证书，方可上岗作业。

（3）进入有限空间危险作业应履行申报手续，填写"进入有限空间危险作业安全审批表"。由房建单位，安全生产管理部门审核、批准并发放进入许可证。

（4）进入前现场负责人必须召集所有参与人员召开预备会议，确认需要多长时间来进行工作，协议工作时限和延期次数须清楚地在进入许可证上注明。进入许可证时限通常为12 h。

（5）禁止以下人员进入有限空间危险作业：

①在经期、孕期、哺乳期的女性。

②有聋、哑、呆、傻等严重生理缺陷者。

③患有深度近视、癫痫、高血压、过敏性气管炎、哮喘、心脏病、精神分裂症等疾病者。

④有外伤疤口尚未愈合者。

（6）进入受限空间作业必须设专人监护，不得在无监护人的情况下作业。监护人和进入者必须明确联络方式并始终保持有效的沟通。进入特别狭小空间作业，进入者应系安全可靠的保护绳，监护人可通过系在进入者身上的绳子进行沟通。

（7）在进入之前和进入期间应检测受限空间内的气体环境。

①受限制空间内的空气质量应当与空间外相同，其氧浓度保持在 19.5% 到 23.5% 范围之间。

②应保证受限空间内部任何部位的可燃气体浓度，当其爆炸下限＞4% 时，浓度应＜0.5%（体积）；当爆炸下限＜4% 时，浓度应＜0.2%（体积）。

③受限空间内的有毒、有害物质不得超过国家规定的"车间空气中有毒物质的最高允许浓度"的指标。作业期间应每隔 4h 取样复查一次，也可同时选用有效的便携式检测仪对受限空间进行连续检测，如有一项不合格，应立即停止作业。

（8）如果在进入许可证时限内中断作业超过半小时的，必须进行气体检测，合格后方可继续作业。施工、维修作业有连续性的，必须每日在进入前召开预备会议，确认安全措施到位，符合安全标准，方可作业，并做好会议记录。

（9）为保证受限空间内空气流通和人员呼吸需要，可自然通风，必要时须采取强制通风方法，严禁向受限空间通纯氧。在特殊情况下，作业人员应佩戴安全可靠的呼吸面具、正压式空气呼吸器和长管呼吸器。佩戴长管面具时，必须仔细检查其气密性，同时防止通气长管被挤压，吸气口应置于新鲜空气的上风口，并有专人监护（如图 9-1 所示）。

（10）对由于防爆、防氧化不能采用通风换气措施或受作业环境限制不易充分通风换气的场所，作业人员必须配备并使用空气呼吸器或软管面具等隔离式呼吸保护器具。

（11）进入有限空间危险作业场所前，可采用动物（如白鸽、白鼠、兔子等）试验方法或其他简易快速检测方法作辅助检测。

（12）作业人员应佩戴隔离式呼吸器，严禁使用氧气呼吸器。

（13）进入受限空间作业，应有足够的照明，照明要符合防爆要求。进入受限空间作业所用照明火具应使用小于 24 V 的安全电压供电，在金属设备内和特别潮湿作业场所作业，应使用 12 V 电压且绝缘良好。

（14）有可燃气体或可燃性粉尘存在的作业现场，所有的检测仪器、电动工具、照明灯具

图 9-1　井下有限空间作业

等,必须使用符合《爆炸和火灾危险环境电力装置设计规范》要求的防爆型产品。

(15)作业人员进入有限空间危险作业场所作业前和离开时应准确清点人数。

(16)进入有限空间危险作业场所作业,作业人员与监护人员应事先规定明确的联络信号。

(17)严禁无关人员进入有限空间危险作业场所,并应在醒目处设置警示标志。

(18)在有限空间危险作业场所,必须配备抢救器具,如呼吸器具、梯子、绳缆以及其他必要的器具和设备,以便在非常情况下抢救作业人员。

(19)在密闭容器内使用二氧化碳或氩气进行焊接作业时,必须在作业过程中通风换气,确保空气符合安全要求。

(20)在通风条件差的作业场所,如地下室、船舱等,配置二氧化碳灭火器时,应将灭火器放置牢固,禁止随便启动,防止二氧化碳意外泄出,并在放置灭火器的位置设立明显的标志。

(21)当作业人员在特殊场所(如冷库、冷藏室或密闭设备等)内部作业时,如果供作业人员出入的门或盖不能很容易打开且无通信、报警装置时,严禁关闭门或盖。

(22)当作业人员在与输送管道连接的密闭设备(如油罐、反应塔、储罐、锅炉等)内部作业时必须严密关闭阀门,装好盲板,并在醒目处设立禁止启动的标志。

(23)当作业人员在密闭设备内作业时,一般打开出入口的门或盖,如果设备与正在抽气或已经处于负压的管路相通时,严禁关闭出入口的门或盖。

(24)在地下进行压气作业时,应防止缺氧空气泄至作业场所,如与作业场所相通的设施中存在缺氧空气,应直接排除,防止缺氧空气进入作业场所。

三、高处作业

凡在高于地面 2 m 及以上的地点进行的工作,视为高处作业。作业时应做好以下防范措施:

134

（1）作业人员必须持证上岗，每年进行一次体检。凡患有高血压、低血压、心脏病、癫痫病、贫血，弱视以及酒后、精神不振者，不准从事高空作业。

（2）高处作业与地面的联络、指挥，必须有统一规定的信号、旗语、手势或使用对讲机，严禁以喊语取代指挥。

（3）登高前，施工负责人应对全体人员进行现场安全教育。并要求防护员对所用的登高工具和安全用具[如安全帽、安全带（绳）、安全网、梯子、跳板、活动架（组合）部件、防护栏等]进行检查，必须安全可靠后，方可登高作业。严禁高空作业期间违章蛮干、冒险作业、高空抛物。

（4）高空作业使用的手动电动工具、自攻螺丝等工具材料必须装入工具袋，按指定的路径上下攀爬，且手中不得拿物件，不得在作业中高空投掷材料或工具等物，不得将易滚易滑的工具、材料堆放在雨棚上、活动架上，严禁在雨棚上打闹追逐。在工作完毕时，作业人员应及时将工具、零星材料、建筑垃圾等一切易坠落物件清理干净，以防落下伤人或影响行车安全。

（5）在站场屋面及站台雨棚上施工维修或巡视检查时，严禁作业人员坐在高空无遮拦处休息，以防发生人身坠落事件。禁止在超过 3 m 长的彩钢板瓦屋面上同时站两人作业和休息以及堆放建筑材料。

（6）对站台雨棚钢结构进行高空焊接、氧割作业时，必须事先清除火星飞溅范围内的易燃易爆品，防止发生火灾爆炸事件和伤及接触网设备。

（7）在钢结构雨棚上搬运材料时，二人要互相配合搬运，协同工作，一个点堆放材料不宜过多，且不宜集中一处摆放，以防超负荷发生坍塌事件。

（8）在上下传递小型材料、机工具应用索具系牢，采用垂直吊拉方式，不得上下乱抛，防止掉落砸伤下部人员。

（9）进行雨棚彩钢板瓦拆除维修时，必须安排专人接应废弃材料，并集中堆放至安全地带，严禁作业人员一边拆一边随手抛下，防止废板材在空中碰触接触网设备以及下坠砸伤钢轨或导致的红光带发生。

（10）拆除时，应派专人指挥，并在作业范围地面上标出警戒区，设置警戒线，暂停人员过往。

（11）遇六级以上强风或大雨、雷电、浓雾、大雪等恶劣天气能见度不足 200 m 时，应暂停高空作业。待天气转好后，应先确认屋面板是否湿滑、雨棚隐患其他部位是否良好，发现影响设备使用或易发人身安全的隐患，要及时排除整治。

（12）在冬季期间，攀登高处作业的工作时间不宜过长，防止手脚冻僵，发生意外。

（13）遇雨天和雪天进行高处作业时，必须采取可靠的防滑、防寒和防冻措施，凡水、冰、霜、雪均应及时清除，确保高处作业人员和行车安全。

（14）从事高处作业的人员必须正确穿戴好劳动防护用品，戴好安全帽、系好安全带（绳），穿好防滑软底鞋，不准穿拖鞋或赤脚作业，应有专门的工作服，扎紧袖口、扣好纽扣、束好衣服下摆、扎好裤管口，不能穿过于宽松和飘逸的衣服，做到衣着灵便。

（15）从事高处作业的人员严禁岗前饮酒，作业中严禁追逐、嬉闹、开玩笑、在作业的高处睡觉。

(16)屋面、幕墙、吊顶等高处作业时,应派专人在下方防护,并在作业范围地面上标出警戒区,设置警戒线,暂停人员过往。

(17)从事高处作业时,必须注意架空电线、做好隔绝措施。要保持规定的安全距离,并要防止运送导电材料触碰电线。

(18)施工现场立体交叉作业时,下层作业的位置,应处于半径之外,坠落半径见表9-1。

表9-1　坠落半径

序号	上层作业高度(m)	坠落半径(m)
1	$2 \leqslant h < 5$	3
2	$5 \leqslant h < 15$	4
3	$15 \leqslant h < 30$	5
4	$h \geqslant 30$	6

(19)梯子使用安全要求。

①靠在管子或金属筒体上使用的梯子,其上端必须用绳索或铅丝扎住。

②梯阶的距离不得大于40 cm。

③人在梯子上工作时,严禁移动梯子。上下梯子时,必须面向梯子,且不得手持器物。

④人字梯必须具有坚固的铰链和限制开度在30°～60°的拉索。

⑤靠在管子或金属筒体上使用的梯子,其上端必须用绳索或铅丝扎住。

⑥梯阶的距离不得大于40 cm。

四、预防机车车辆伤害

机车车辆伤害是指铁路机车车辆在运行过程中碰、撞、轧、压、挤、摔等造成作业人员伤亡的事故。日常工作应注意以下事项:

(1)在站内行走时应走车站固定行走线路。

(2)顺线路行走时,应走路肩,并注意本线、邻线的机车、车辆和货物装载状态,严禁走道心、枕木头上。不准脚踏钢轨面、道岔连接杆、尖轨等。

(3)在区间行走时应走路肩,并不间断瞭望。在双线区间应面迎列车运行方向行走,禁止在邻线和两线中间行走或躲避列车。

(4)严禁扒乘机车、车辆,以车代步,禁止从行驶中的机车、车辆上跳下。

(5)不准在钢轨上、车底下、枕木头、道心里坐卧或站立。

(6)严禁在运行中的机车、车辆前方抢越。

(7)横越线路时,应走地道或天桥。必须横越线路时,应"一站、二看、三确认、四通过""眼看、手比、口呼",并注意左右机车、车辆的动态及脚下有无障碍物。

(8)横越停有机车、车辆的线路时,先确认机车、车辆暂不移动,然后在该机车、车辆端部5 m以外绕行通过。

(9)站内设备巡检时,应面迎列车运行方向行走,不准脚踏钢轨面、道岔连接杆及尖轨等处。处置工具材料不准侵入建筑接近限界。作业人员接到来车通知后,应及时下道避车。

（10）禁止在桥梁、站台、路肩上骑自行车等交通工具。

（11）在站内抬运笨重工具、材料时，要呼唤应答、步调一致，并注意邻线列车动态；搬运材料、配件需在两线间行走时，应设置防护，不得紧靠线路。

第三节　路外安全

一、管理分工

根据集团公司管理分工规定，管内铁路线路两侧防护栅栏及围墙的管理和维护分工如下：

（1）房建单位负责站内用于站场封闭的实体围墙、站台上设置的固定栏杆的维修管理。站场封闭围墙是指车站两端进站信号机以内用于封闭站场的实体围墙（包括货场）。

（2）站内用于站场封闭的实体围墙、站台上设置的固定栏杆的日常巡视和检查由车站负责，发现问题及时向房建部门报告。

（3）工务部门负责防护栅栏（含区间线路两侧防护栅栏和围墙、站场股道间的栅栏及站内用于站场封闭的栅栏、混凝土刀片护栏等通透式封闭设备、关闭的中间站的原有站区围墙，但不含站台、天桥等隔离栏杆）的维修管理，同时负责区间线路两侧防护栅栏和围墙的日常巡视和检查。

（4）站场股道间的栅栏及站内用于站场封闭的栅栏、混凝土刀片护栏等通透式封闭设备的巡视和检查由车站负责，发现问题及时向工务部门报告。

二、站区围墙日常管理

（1）新建站场围墙竣工后由施工单位按验收规范与接管单位办理竣工验收交接手续，接管单位应核对竣工文件，验收工程质量，并建立技术资料台账。

（2）管辖内的站场围墙，由各房建单位负责日常管理与维护，建立设备台账，实施动态管理。

（3）既有围墙缺口的管理。对已具备封闭条件的围墙缺口，要立即实施封闭。未封闭前，应采取临时安全防护措施，张贴警示标识；对暂时不具备封闭条件的围墙缺口，要及时与车站、铁路公安进行确认，形成书面签认材料。

（4）未经房建单位同意擅自在站区封闭围墙上开口的，房建单位须立即阻止，并督促整改、跟踪销号。

参考文献

[1]中华人民共和国公安部．建筑设计防火规范：GB 50016—2014[S].北京：中国计划出版社，2015.

[2]国家铁路局．铁路工程设计防火规范：TB 10063—2016[S].北京：中国铁道出版社，2013.

[3]中国工程建设标准化协会．钢结构防火涂料应用技术规范：CECS 24—1990[S].北京：中国计划出版社，1990.

[4]中华人民共和国住房和城乡建设部．钢结构现场检测技术标准：GB/T 50621—2010[S].北京：中国建筑工业出版社，2011.

[5]中华人民共和国建设部．建筑结构检测技术标准：GB/T 50344—2004[S].北京：中国建筑工业出版社，2004.

[6]中国电力企业联合会．建设工程施工现场供用电安全规范：GB 50194—2014[S].北京：中国计划出版社，2015.

[7]中华人民共和国住房和城乡建设部．建筑电气工程施工质量验收规范：GB 50303—2015[S].北京：中国建筑工业出版社，2016.

[8]中华人民共和国住房和城乡建设部．建筑地基基础工程施工质量验收标准：GB 50202—2018[S].北京：中国计划出版社，2018.

[9]中华人民共和国住房和城乡建设部．砌体工程施工质量验收规范：GB 50203—2011[S].北京：中国建筑工业出版社，2012.

[10]中华人民共和国住房和城乡建设部．混凝土结构工程施工质量验收规范：GB50204—2015[S].北京：中国建筑工业出版社，2015.

[11]中华人民共和国住房和城乡建设部．屋面工程质量验收规范：GB 50207—2012[S].北京：中国建筑工业出版社，2012.

[12]中华人民共和国住房和城乡建设部．地下防水工程质量验收规范：GB 50208—2011[S].北京：中国建筑工业出版社，2012.

[13]中华人民共和国住房和城乡建设部．建筑地面工程施工质量验收规范：GB 50209—2010[S].北京：中国计划出版社，2010.

[14]中华人民共和国住房和城乡建设部．建筑装饰装修工程质量验收规范：GB 50210—2001[S].北京：中国建筑工业出版社，2018.

[15]中华人民共和国住房和城乡建设部．建筑工程施工质量验收统一标准：GB 50300—2013[S].北京：中国建筑工业出版社，2014.

[16]中华人民共和国住房和城乡建设部．屋面工程技术规范：GB 50345—2012[S].北京：中国建筑工业出版社，2012.

[17]中华人民共和国住房和城乡建设部．混凝土结构加固设计规范：GB 50367—2013[S]．北京：中国建筑工业出版社,2014.

[18]中华人民共和国住房和城乡建设部．建筑结构加固工程施工质量验收规范：GB 50550—2010[S].北京：中国建筑工业出版社,2011.

[19]中华人民共和国住房和城乡建设部．混凝土结构工程施工规范：GB 50666—2011[S].北京：中国建筑工业出版社,2012.

[20]中华人民共和国住房和城乡建设部．砌体结构加固设计规范：GB 50702—2011[S].北京：中国计划出版社,2012.

[21]中华人民共和国住房和城乡建设部．砌体结构工程施工规范：GB 50924—2014[S].北京：中国建筑工业出版社,2014.

[22]中华人民共和国住房和城乡建设部．建筑地基基础工程施工规范：GB 51004—2015[S].北京：中国计划出版社,2015.

[23]彭圣浩．建筑工程质量通病防治手册[M].3 版．北京：中国建筑工业出版社,2002.

[24]中国铁路总公司．铁路技术管理规程（普铁部分）[M].北京：中国铁道出版社,2014.

[25]中国铁路总公司运输局工务部．铁路运输房建设备大修维修规则（试行）[M].北京：中国铁道出版社,2014.

[26]中国铁路总公司．铁路超限超重货物运输规则[M].北京：中国铁道出版社,2017.

[27]中国铁道部工程设计鉴定中心．铁路客站站房照明设计细则.2009.

[28]中国铁路广州局集团有限公司．广铁集团突发事件总体应急预案.2018.

[29]中国铁路广州局集团有限公司．广铁集团房建设备大修维修实施细则.2016.

[30]中国铁路广州局集团有限公司．广铁集团房建设备突发事件应急预案（修订）.2016.

[31]中国铁路广州局集团有限公司．广铁集团房建设备防洪、恶劣天气应急预案（修订）.2017.

[32]中国铁路广州局集团有限公司．广铁集团铁路营业线施工安全管理细则.2018.

[33]中国铁路广州局集团有限公司．广铁集团房建类铁路营业线施工安全管理实施细则.2012.

[34]中国铁路广州局集团有限公司．广铁集团房建公寓系统劳动安全管理办法（试行）.2014.

[35]中国铁路广州局集团有限公司．广铁集团房建专业有限空间作业安全管理办法（试行）.2013.

[36]中国铁路广州局集团有限公司土地房产部．广铁集团铁路房建设备建筑限界管理细则.2016.

[37]中国铁路广州局集团有限公司土地房产部．广铁集团房产管理办法.2015.

[38]中国铁路广州局集团有限公司工务部．广铁集团普速铁路防护栅栏管理办法.2015.

[39]中国铁路广州局集团有限公司科信部．广铁（集团）公司关于重新明确铁路防护栅栏、围墙管理分工的通知.2014.